傾力特輯
機動戰士Z鋼彈
MS科技發展沿革

U.C.0087

MOBILE SUIT Z GUNDAM MS TECHNOLOGY

U.C.0087-0088

以在電影版《戀人們》《星辰鼓動之愛》裡登場的機體為中心追尋MS的進化歷程！

《機動戰士Z鋼彈》是一部描述在U.C.0087年至U.C.0088年開頭這段期間裡，以幽谷、迪坦斯，還有阿克西斯這三個陣營軸心所引發的三方爭霸，人稱格里普斯戰役的故事。先前本誌曾在第5期（日文版）裡以活躍於電影版《機動戰士Z鋼彈-星之繼承者-》的MS為中心，藉由範例介紹過該時期的科技沿革，在本期中則是會以《戀人們》《星辰鼓動之愛》為中心接著介紹後續內容。隨著以可變機為主流的第三世代MS登場，MS科技發展在U.C.0087-0088這段期間也呈現了猶如百家爭鳴的光景。在此將利用全新徹底製作的超絕範例，搭配詳盡機體解說，深入剖析其魅力何在。

©創通・サンライズ

MS研發系譜
格里普斯戰役後期──
可變機與特製機的時代到來
～就此邁入第3世代～

在格里普斯戰役後期時，有一部分王牌駕駛員席捲戰場的案例開始受到注目。而這些人所駕駛的機體正是採用了腦波傳導裝置或可變機構，無視於製造成本的特殊機體群。雖然那些機體完全無視於量產方面的需求，乍看之下會令人覺得毫無效率可言，實際上卻非常適合格里普斯戰役的性質。會形成這個狀況的理由究竟何在呢？（解說・編撰統籌／河合宏之）

可變機是因應戰場需求而必然會誕生的形式

一提到在格里普斯戰役期間突然備受各方關注的技術發展趨勢，當然非人稱第3世代的可變機動戰士／機動裝甲（MS／MA）莫屬。雖然可變機在一年戰爭時期連個影子都還沒有，卻也絕非毫無緣由地便冒出來的異類，其實早在當時便已經開始摸索關於那方面的可能性。

原本基於「要設法讓身為最強兵器的MS能盡快抵達戰場」這個策略，吉翁軍就已試著研發出了德戴YS；地球聯邦軍也研發出G機和鋼培利這類機體，亦即輔助飛行系統當成聯合行動的手段。

不過到了格里普斯戰役時期則是將該概念做進一步的發揮，朝著擴大MS本身的行動範圍這個方向去推展研究。這可說是隨著能提高機體反應速度的磁力覆膜、能令機體設計在自由度上獲得飛越性提升的可動骨架等技術革新過程中，基於某種機緣巧合之下造就的結果。

另一方面，可變MS也存在隨著機構變得複雜和零件數量增加，導致製造成本居高不下、難以運用和整備，以及講究駕駛員本身素質等問題。相對地，比起一年戰爭，格里普斯戰役的規模其實小了許多，造就不少僅憑少數王牌駕駛員或新人類（強化人）便足以左右戰況的案例。因此也導致萌生了「要盡可能地讓王牌駕駛員、新人類能更快抵達戰場」的想法，更促成兵器研發往該方向加速發展。在「要設法讓高性能機體和王牌盡快抵達戰場」的考量下，可變MS這種形式等同於是最佳解決方案。儘管特製高性能試作被視為既欠缺效率又造價高昂，但是在時勢所趨下，它們的存在顯然稱不上是浪費。

然而隨著戰爭規模縮小，到了U.C.0090年代時演變成往縮減軍備的方向加速發展，高性能機體與強化人的研究本身也步入衰退。因此造價高昂的可變機亦遭到簡化構造和輔助飛行系統重返檯面這等時代浪潮所吞沒。不過後續各式MS的骨幹技術絕大部分都是源自該時期，這也是不容忽視的事實。畢竟格里普斯戰役期間各式工廠宛如百家爭鳴，對於MS這種兵器的成長期來說，可說是居於最重要位置的時代呢。

技術議題　可動骨架

包含鋼彈和薩克在內，一年戰爭時期MS在基本骨架構造上是採用以外部裝甲兼具骨架功能的外骨骼式單殼構造。不過自RX-178鋼彈Mk-II起則是採用了可動骨架，隨著採用這種屬於內部骨架的構造，得以做出貼近人類的靈活動作。另外，原本在以裝甲兼具骨架機能的情況下無法將構造設計得更為複雜，但在採用可動骨架之後，在設計面上能自由發揮的程度也變得更為寬廣多元。

技術議題　腦波傳導系統

在一年戰爭後，源自舊吉翁公國軍體系的技術隨著被地球聯邦軍系工廠接收，或是透過相關技術人員流出等管道走向了相異發展方向。其中最為重要的技術就屬腦波傳導設備。該技術在一年戰爭期間是以弗拉納岡機關為中心進行研發的，到了後則是由各式各樣的工廠和企業繼續進行研究＆開發。而且並未侷限於一年戰爭時期的遙控操作武裝（BIT、威應砲）這種形式，甚至還用到控制機體時的回饋上（生化感測器等系統），日後更是促成了腦波傳導框體的研發。

技術議題　磁力覆膜

主要目的在於藉由為關節部位施加磁力覆膜來提升反應速度。原本是當RX-78-2鋼彈跟不上阿姆羅・嶺的反應速度時，才嘗試性地採用的技術。可變MS／MA之所以會採用這個技術，用意在於盡可能減少毫無防備的變形程序所需時間。

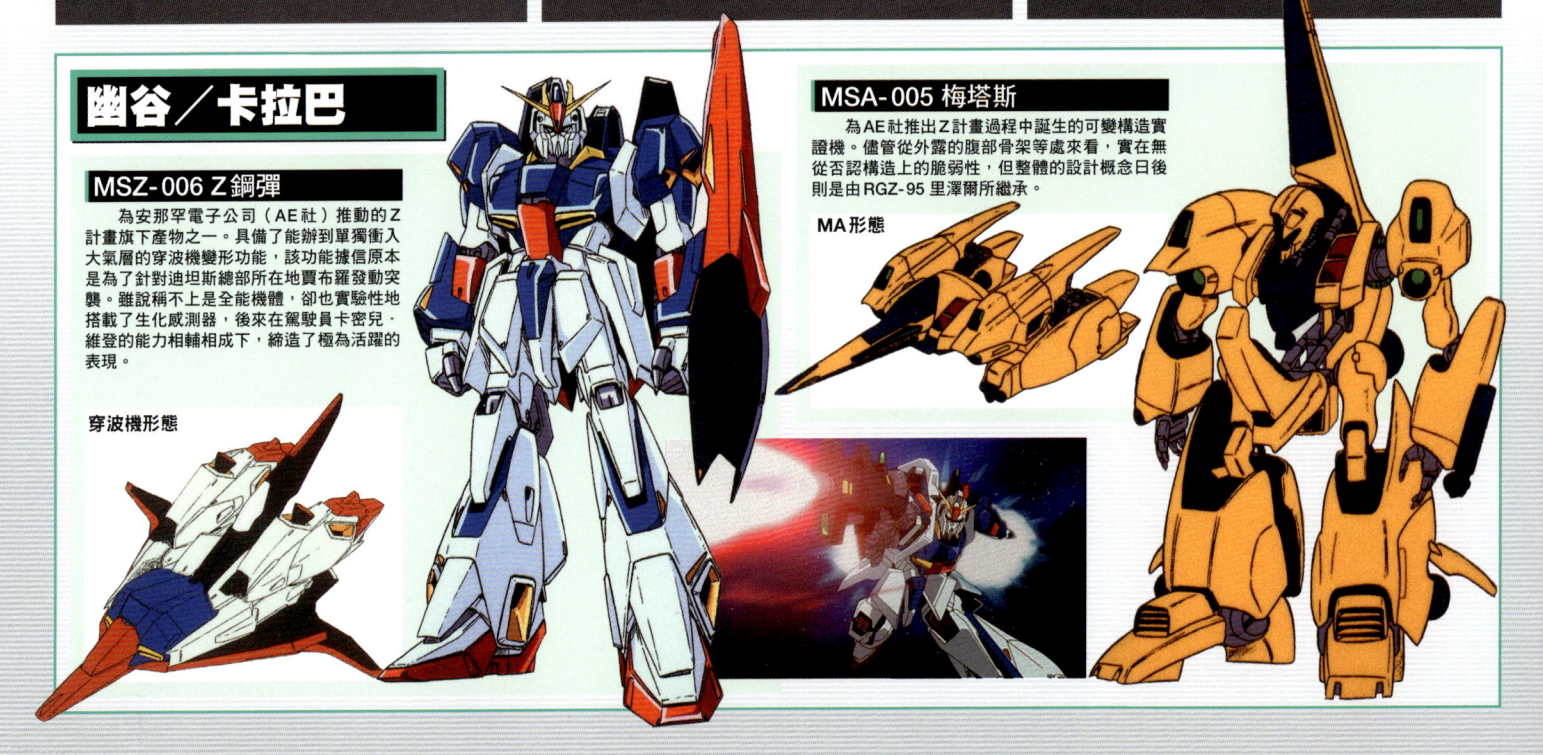

幽谷／卡拉巴

MSZ-006 Z鋼彈

為安那罕電子公司（AE社）推動的Z計畫旗下產物之一。具備了能辦到單獨衝入大氣層的穿波機變形功能，該功能本應信原本是為了針對迪拉斯總部所在地賈布羅發動突襲。雖說稱不上是全能機體，卻也實驗性地搭載了生化感測器，後來在駕駛員卡密兒・維登的能力相輔相成下，締造了極為活躍的表現。

穿波機形態

MSA-005 梅塔斯

為AE社推出於Z計畫過程中誕生的可變構造實證機。儘管從外露的腹部骨架等處來看，實在無從否認構造上的脆弱性，但整體的設計概念日後則是由RGZ-95里澤爾所繼承。

MA形態

迪坦斯／地球聯邦軍

MRX-009 腦波傳導型鋼彈

為村雨研究所研發出的新人類專用MA。具備了能變形為機動要塞形態的變形機構。由於在縮減腦波傳導系統尺寸方面的腳步較落後，加上還得搭載米諾夫斯基推進器等設備，因此最終成了尺寸超過40m的大型機體。

MA形態

MRX-010 腦波傳導型鋼彈Mk-Ⅱ

為村雨研究所研發出的腦波傳導型鋼彈後繼機體。在繼承腦波傳導型鋼彈的基本設計概念之餘，亦採用了反射式BIT等新型武裝。

MA形態

RX-139 漢摩拉比

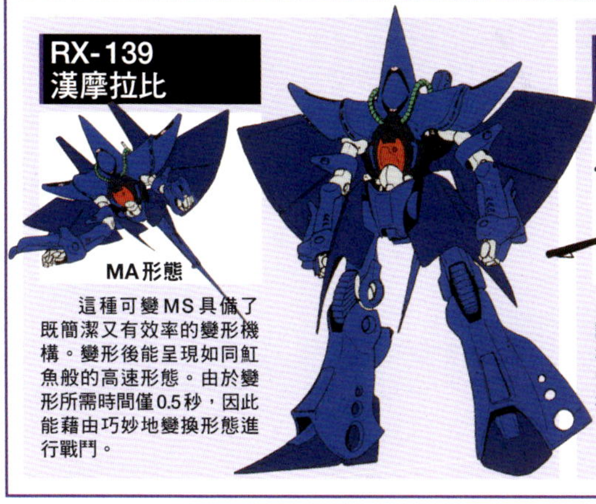

MA形態

這種可變MS具備了既簡潔又有效率的變形機構。變形後呈現如同紅魚般的高速形態。由於變形所需時間僅0.5秒，因此能藉由巧妙地變換形態進行戰鬥。

RX-110 加布斯雷

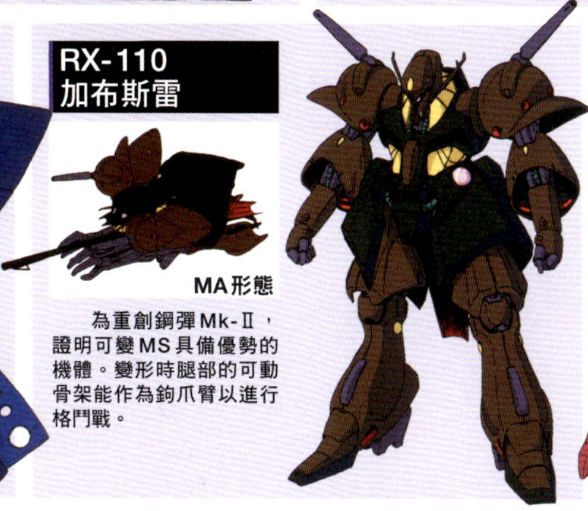

MA形態

為重創鋼彈Mk-Ⅱ，證明可變MS具備優勢的機體。變形時腿部的可動骨架能作為鉤爪臂以進行格鬥戰。

NRX-055 獵犬

奧克蘭研究所研發出的新人類專用可變MA。能變形為具備巨大機械臂的MA形態。未搭載感應砲之類的武裝，而是採用腦波傳導系統來控制機體。

MA形態

朱比特里斯

以下是帕普提瑪‧西羅克在朱比特里斯號艦內製造的MS群。他建構出了有別於地球聯邦系和吉翁系等各種勢力的技術體系，而且出於「極度戒慎恐懼木星的高重力環境」，因此每種機體都以配備了大推力的推進器為特徵。另外，每一架機體均為特製機，尤其是THE-O、帕拉斯‧雅典娜、波利諾克‧沙曼更是早已將三機合作行動的運用方法納入設想中，可說是具體呈現了「憑藉少數王牌席捲戰場」這種狀況的編制形式。

PMX-000 梅薩拉

MA形態

為西羅克研發的可變MA。除了背面設有2具大型推進器組件之外，亦擁有龐大的推進器總推力。

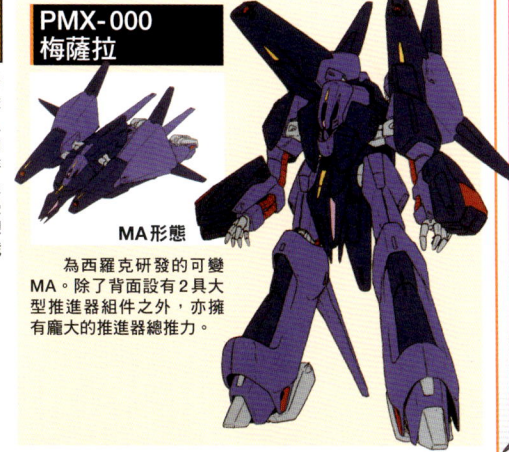

PMX-003 THE-O

為西羅克駕駛的重MS。儘管是全高近30m的龐大MS，全身上下卻備有共50具的控制推進器，在控制機體用的生化感測器相輔相成下，得以發揮出超凡的靈敏性。從腦波傳導系統特化為機體控制用這點來看，可說是一架在研發上深具遠見的機體。

PMX-001 帕拉斯‧雅典娜

為西羅克所研發的MS之一。是一架著重於火力的機體，配備了大量武裝為特徵所在。在3架機體中主要擔綱砲擊任務，亦將反艦攻擊納入了運用考量中。

PMX-002 波利諾克‧沙曼

為西羅克所研發的MS之一。在3機合作行動中主要擔綱偵察＆索敵的任務。亦可參與戰鬥，蟹鉗護爪內備有光束軍刀和光束戰斧。

阿克西斯

阿克西斯在格里普斯戰役中以第三勢力參戰，然而作為以資源衛星為據點的殘黨勢力，不僅欠缺堅強有力的背景、行動受限，兵器研發也無法期待擁有豐富的資源和技術，只能依賴有限的既存技術尋求突破。儘管如此，在王牌橫行的戰場中，丘貝雷和哈曼‧坎恩的搭檔仍足以匹敵其他陣營對手；另一方面則透過以卡薩C為主的團隊戰術，彌補機體性能不足，並取得超乎預期的戰果。

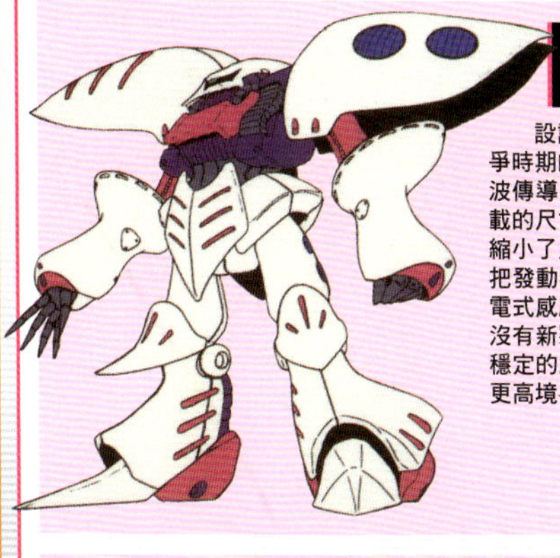

AMX-004 丘貝雷

設計概念本身源自一年戰爭時期的艾爾美斯。隨著將腦波傳導系統縮減到可供MS搭載的尺寸，機體本身也成功地縮小了尺寸。另外，還有著以把發動機搭載型BIT更改為充電式感應砲為首的改良。即便沒有新穎的想法，卻也憑藉著穩定的既有技術讓機體昇華到更高境界。

AMX-003/MMT-1 卡薩C

在資源與技術不足的情況下，唯一可以穩定地供給一定數量機體的方法，就是以工程用MS作為基礎。為了彌補落後的機體性能，因此在運用上是以進行團隊戰為主軸。

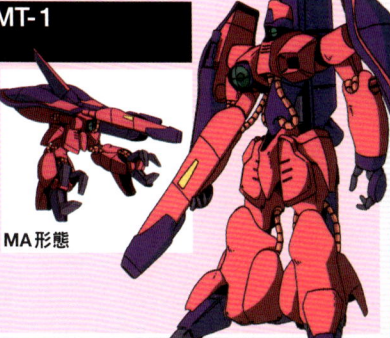

MA形態

Z計畫的完成樣貌

BANDAI SPIRITS 1/100 scale plastic kit
"Master Grade" MSZ-006 ZETA GUNDAM Ver.2.0 use

MSZ-006
Z GUNDAM

modeled&described by NAOKI

藉由對全身施加徹底修改
具體呈現壯碩的Z鋼彈

「Z計畫」是由AE社與幽谷聯手推動的MS研發方案。著眼於迪坦斯已先一步進行的可變MS研發。儘管在其過程中催生了百式和梅塔斯等機體，但真正抵達完成境界的乃是Z鋼彈。穿波機形態能在不使用任何選配式裝備的情況下衝入大氣層，甚至單獨在大氣層內飛行，點出了MS所蘊含的嶄新可能性。在格里普斯戰役中與迪坦斯的THE-O、阿克西斯的丘貝雷交戰時甚至略勝一籌，得以引領幽谷成為格里普斯戰役的獲勝者。

繼第5期（日文版）的鋼彈Mk-Ⅱ之後，這件範例也是由NAOKI擔綱製作。他以將MS形態做得更為威風帥氣為目標，對各部位施加了徹底修改，力求呈現在電影版中令人印象深刻，體型顯得壯碩有力的Z鋼彈。

MSZ-006 Z鋼彈
使用BANDAI SPIRITS 1/100比例 塑膠套件
"MG" MSZ-006 Z鋼彈 Ver.2.0
製作・文／NAOKI

U.C.0088
THE-O vs Z鋼彈

在殖民地雷射砲開火發射後，迪坦斯的戰力陷入了潰滅狀態。免於被殖民地雷射砲吞噬的THE-O為了撤退而前往母艦朱比特里斯號，但卡密兒駕駛的Z鋼彈緊追在後。THE-O只好背對著朱比特里斯號迎戰。格里普斯戰役至此終於邁入了最後的局面。

MOBILE SUIT Z GUNDAM MS TECHNOLOGY U.C.0087-0088

機動戰士Z鋼彈 / MS科技發展沿革

BELONGING: A.E.U.G.
MODEL NUMBER: MSZ-006
MODEL NAME: Z GUNDAM

▲如同英文名稱「wave rider（乘波體）」所示，穿波機能憑藉著大尺寸飛行裝甲在大氣層內發揮出色的機動性。有時甚至還能載著MS飛行，扮演作為輔助飛行系統的角色。

MSZ-006 Z鋼彈

在「Z計畫」下誕生的頂尖傑作可變MS

Z鋼彈最值得一提之處，就屬可變形成作為高速巡航形態的穿波機了。受惠於可動骨架，得以實現在0.5～0.8秒內完成高速變形。在與本身的機動力相輔相成下，Z鋼彈以格里普斯戰役時期最強MS的身分締造了無數戰果。

穿波機

▲這是穿波機形態（範例／國谷忠伸）。原本在MS背面的飛行裝甲會翻轉至此形態機腹處，藉此駕馭在衝入大氣層時產生的衝擊波。

010

MSZ-006 Z鋼彈

使用BANDAI SPIRITS 1/100比例 塑膠套件
"MG"
MSZ-006 Z鋼彈 Ver. 2.0
製作・文／NAOKI

MOBILE SUIT Z GUNDAM MS TECHNOLOGY U.C.0087-0088
機動戰士Z鋼彈 MS科技發展沿革

BELONGING: A.E.U.G.
MODEL NUMBER: MSZ-006
MODEL NAME: Z GUNDAM

▶超絕MEGA巨砲、光束步槍、光束軍刀均是按照套件原樣製作完成。

▶儘管各部位都施加了改造，但可動範圍和連接可動展示架用的股關節區塊仍維持套件原樣。因此只要搭配套件附屬的專用台座，即可擺設出帥氣的飛行架勢。

▶隨著縮減上半身的尺寸，並且加大肩甲和前裙甲的尺寸，使得Z鋼彈能給人更加壯碩的印象。頭部也以初代MG的零件為基礎縮減了尺寸，這也是得以令整體形象產生大幅改變的重要因素所在。

012

COLORING DATA

主體白＝中間白（NAZCA）
主體藍＝鈷紫羅蘭色（NAZCA）
主體紅＝火焰紅（NAZCA）
主體黑＝霜層黑（NAZCA）+
Ex-黑（gaianotes）
主體黃1＝蜜柑橘（NAZCA）+
超亮黃（GSI Creos）
主體黃2＝蜜柑橘（NAZCA）+
超亮黃（GSI Creos）
關節色＝機械部位用深色底漆補土（NAZCA）

BELONGING：A.E.U.G.

MODEL NUMBER：MSZ-006

MODEL NAME：Z GUNDAM

◀▲以初代MG Z鋼彈的零件為基礎，配合Ver.2.0，在保留前後較長的形象之餘，亦經由削磨調整縮減尺寸，確保能彼此吻合組裝。

▼將胸部頂面的裝甲削出一部分缺口，以便裝入機械狀零件作為細部修飾。

▲套件中附屬的超絕MEGA巨砲是直接製作完成。即便維持套件原樣也能如照片中所示地擺出射擊架勢。

各位好，繼上一期特輯（日文版）的鋼彈Mk-Ⅱ之後，這次我要接著製作Z鋼彈了。儘管我之前也做過好幾次Z鋼彈了，但每次都覺得製作起來頗有難度呢！畢竟只要稍微更動各組件的形狀、均衡性、裝設位置這幾個條件之一，整體給人的印象就會顯得截然不同。但反過來說，這種變化幅度之大也是魅力所在呢。儘管MG Z鋼彈Ver.2.0給人苗條修長的印象，但這次我要試著整合成如同電影版中的壯碩體型。那麼接下來就是針對各部位進行解說。

■頭部

儘管有些突兀，但這次基於個人喜好選用初代MG Z鋼彈的頭部零件（嚴格來說是取自造型相同的一番賞獎品）作為基礎。Ver.2.0的頭部是以設定為準，製作成臉部較長且眼神銳利的造型，我認為這樣也很正確地整理住了Z鋼彈的特徵，然而能夠與《鋼彈前哨戰》中出自KATOKI老師設計的後續衍生機型銜接起來，神情較為平坦無奇的初代MG Z鋼彈頭部顯然更對我胃口。不過仔細比較後才發現，原來Ver.1.0的頭部出乎意料地大（正面形狀幾乎沒什麼差異，但前後的長度完全不同），根本無法直接移植到Ver.2.0上。因此在保留前後較長的形象之餘，亦對各部位進行削磨以縮減尺寸，確保能順利地組裝到Ver.2.0上。

■身體

儘管如同前述，Z系機體向來很難取得均衡，但我認為最關鍵之處在於身體。畢竟包含該如何在胸部和駕駛艙之間取得均衡等部分在內，這對身體幾乎是中空狀的可變MS來說確實是個難題呢。總之先從上半身著手。在襟領一帶方面，為了給人頭部稍微陷進胸部裡的印象，於是將頸部連同襟領基座沿著變形用滑軌將裝設位置往下移。但按照現況的話，襟領也會一併陷進胸部裡，因此姑且從基座上分割開來，改為往上側延長。胸部近年來的設計趨勢是以設定為準，製作成稍微往下垂的造型，但《鋼彈前哨戰》中那種未呈現特定角度的胸部同樣令人難以割捨。這次也就在不至於做得太極端的前提下將角度調整得內斂些。然而若是直接靠著變形用合葉機構來調整角度，這樣會導致胸部顯得過於往前凸出，必須透過適度縮減胸部的前後長度來設置到定位才行。另外，原本遷就於變形所需，導致頭部正後方的裝甲板顯得過長了點，範例中就將該處暫且分割開來以縮減長度。駕駛艙蓋若是維持原樣的話，變形所需的活動空間和合葉機構會頗為醒目。範例中乾脆從合葉基座分割開來，以便將裝設位置上移，駕駛艙蓋在用補土填平原本作為合葉機構活動空間的缺口之餘，亦一併修改了形狀，使這部分能與調整過角度的胸部可以融為一體。胸部側面的裝甲板亦藉由用塑膠材料圍起來加大了尺寸。

腰部修改均衡性的幅度在胸部之上。在腰部的裝設位置方面，範例中調整了從側面所見時的臂部／腿部相對位置（具體來說就是把腿部的位置調整成比臂部稍微偏向前方一些），同時為了進行後述的調整，以及讓上半身能稍微顯得長一點，於是將腹部球形關節分割開來，以便延長3mm並將位置往前移，使得腰部能調整到往前凸出一些的位置。前裙甲亦大幅度加大了尺寸。由於採取夾組6.3mm寬塑膠材料的方式加以縱向延長（製作途中照片裡位在中間明顯偏白的部分），因此由照片中可知，尺寸確實大了不少。

在細部修飾方面，我並不想透過為正面增添太多視覺資訊量的方式來改變形象，但確實還是希望能增添視覺資訊量。因此我決定採取將細部結構集中在側面的手法來增添視覺資訊量。另外，儘管也有在一部分的稜邊上追加細部結構，但這只是增添視覺資訊量所需，在希望避免過度改變面給人的印象時，這算是一種很常見的細部修飾手法。在遇到

014

MOBILE SUIT Z GUNDAM MS TECHNOLOGY 機動戰士Z鋼彈 MS科技發展沿革 0087-0088

▲◀由於省略了變形為穿波機的功能，因此用補土減少駕駛艙蓋頂端的可動骨架外露幅度，左右兩側的裝甲板也藉由黏貼塑膠板加大尺寸。前裙甲亦藉由夾組6.3㎜寬的塑膠材料予以大幅度延長。身體當然也一併增添了分量，這方面也具有遮擋住大腿頂部關節區塊的效果。

▲◀將肩甲藉由夾組塑膠板的方式增寬，頂部也配合加大了尺寸。前臂亦用塑膠板將各個區塊加以延長，使整體的尺寸能更大，進而與經過延長的身體取得均衡。

▲◀將大腿藉由在外側黏貼塑膠板的方式增添分量，小腿也透過在中間夾組塑膠板的方式予以延長，至於腳掌則是先將腳尖給削短，再為腳跟底面黏貼塑膠板予以墊高2㎜。

類似這件範例的情況之際，可說是相當值得推薦的製作手法，希望各位也能嘗試看看。

我本身很贊成廢除股關節用球形軸棒，改為一般軸棒式可動機構的設計，但為了設置水平轉動機構而將大腿頂部分割另一個區塊，這種設計會造成「只有頂部區塊以下才算是大腿」的錯覺，導致對整體的均衡性產生影響。《00》和《AGE》及《鐵血》作品的機體一開始就設有水平轉動用區塊，在外觀上也設計成有那麼一回事的模樣，顯然也早已將體型上的均衡性納入設計考量中，在這方面也就不成問題，但對於原本並不存在這類設計的機體來說，更改為這種設計之後，該區塊無論如何都會令人覺得很在意。因此這次採取了加大前裙甲尺寸來遮擋住該處的方式，以免損及體型（觀感上）的均衡性。側裙甲在靠近身體這邊的輪廓端點是用陰影線來呈現，如果維持原樣會給人往下垂的印象。範例中也就藉由做出一個往上揚起的面來改變這個形象。配合前述修改，套件本身的側裙甲裝設位置又顯得過高了，於是便將原本夾組在股關節軸上的連接零件給分割開來縮減長度，藉此讓側裙甲的裝設位置能低一點且更貼近身體一些。

為了營造出胸部／腰部的一體感，因此將股關節區塊從基座上暫且分割開來，以便將位置往上移。大腿的組裝位置則是往左右各外移0.5㎜。股關節本身亦用塑膠材料修改了形狀，藉此讓往下方收窄的角度能寬一點。

■臂部

首先是肩甲區塊，這部分為了遷就變形所需而給人稍微小了點的印象。因此範例中將前後兩面的尺寸都予以加大，頂部區塊也在配合調整均衡性之餘加大了尺寸。臂部本身同樣顯得較為貧瘠，既然身體和腿部都增添過分量了，臂部肯定也要比照辦理。前臂是分別為各個區塊加大尺寸，同時也讓前臂整體能顯得更長。至於手掌則是換成我手邊囤著的「高精密度細部結構機械手ZZ鋼彈用」。Z系果然是該搭配拇指根部設有護甲的造型呢！

■腿部

最令人在意之處就屬大腿顯得過細這點，於是便將外裝零件增寬2㎜。小腿肚也在將骨架延長之餘一併增添了分量。在此同時亦基於該處輪廓給人過於單調的印象，因此將外側用保麗補土修改形狀並增添分量，內側則是沿著中間原有的刻線分割為相異獨立零件，然後分別修改成更具立體感的形狀。膝裝甲也給人過短的印象，這部分採取了往下方延長的方式加以修改。有鑑於整體都修改得更為壯碩且具分量，腳掌反而會令人覺得過長，範例中也就在將腳尖給削短之餘，亦為了讓腳掌整體顯得更厚實，於是修改了各部位的形狀，更連帶將腳跟墊高了約2㎜。

■飛行裝甲

為了遷就變形所需，這部分與身體之間給人裝設位置過於偏向上方的印象。因此範例中對裝設用骨架進行加工，將左右兩側平衡推進翼的裝設位置稍微往下移。

經前述的大幅度修改後，總算是大功告成了。Ver.2.0問世已經有好一段時日了，大家也都將套件的優缺點看得很清楚，不過也正因為如此，我才會採用這種詮釋手法來製作。話是這麼說沒錯，但Z系機體果然很難做啊！這也令人更加期待遲早有一天會推出的MG Z鋼彈Ver.3.0呢。那麼我們下回見囉！（譯注：MG Z鋼彈Ver.3.0已於2023年5月發售）

NAOKI
在機械設計師、造形、造形監製等諸多領域都有著活躍表現的全能創作家。

015

BELONGING: A.E.U.G.

第二世代MS的志氣

BANDAI SPIRITS 1/100 scale plastic kit
"Master Grade"

RMS-099 RICK-DIAS

modeled&described by Nobuyuki SAKURAI

MODEL NUMBER: RMS-099

運用塗裝表現來營造出
里克·迪亞斯後期型的面貌

　　里克·迪亞斯為幽谷的主力機種，起初只有克瓦特羅座機採用以紅色為基調的配色，阿波里和羅伯特座機則是採用宛如一年戰爭時期機種德姆的暗藍系配色。不過到了格里普斯戰役後半，隨著克瓦特羅改為搭乘百式，所有里克·迪亞斯也都改為塗裝成和原先克瓦特羅座機相同的配色。更改塗裝的理由據說在於試圖藉此對敵方的士氣造成影響，但真相不明。不過或許就和鋼彈Mk-Ⅱ一樣，其實是基於阿含號等船艦成員的意見才會更改塗裝。

　　因此在這件範例中設想為所有里克·迪亞斯都是由暗藍系配色機體強行更改塗裝而成。在歷經多場激烈戰鬥後，重疊塗佈的漆膜開始逐漸剝落，導致隱約露出了底下原有的顏色，本範例正是要藉由塗裝手法來重現這個面貌。還請各位仔細看看曾為本期刊講解過各式塗裝技法的櫻井信之如何再度大顯身手。

RMS-099 里克·迪亞斯
BANDAI SPIRITS
1/100比例 塑膠套件
"MG"
製作・文／**櫻井信之**

MODEL NAME: RICK-DIAS

U.C.0088
前往最後決戰

隨著漩渦作戰告捷，幽谷總算取得殖民地雷射砲的控制權。然而為了阻止殖民地雷射砲開火發射，迪坦斯與阿克西斯聯手對幽谷艦隊發動攻擊。幽谷艦隊中的阿含號與拉迪修號也隨即派遣MS部隊出動，前往迎擊兩大敵方陣營的艦隊。

RMS-099 里克・迪亞斯

BANDAI SPIRITS
1/100 比例 塑膠套件
"MG"

製作・文／**櫻井信之**

經歷過漩渦作戰的激烈戰鬥後，里克・迪亞斯的裝甲表面受到了不少損傷。表面的漆膜呈現斑駁剝落狀，露出了底下原有的暗藍色。其中亦有一部分呈現連底漆都整個剝落掉，導致露出鋼彈合金本身金屬色的地方。

MOBILE SUIT Z GUNDAM MS TECHNOLOGY U.C.0087-0088
機動戰士Z鋼彈／MS科技發展沿革 U.C.0087-0088

BELONGING: A.E.U.G.
MODEL NUMBER: RMS-099
MODEL NAME: RICK-DIAS

BANDAI SPIRITS 1/100 scale plastic kit
"Master Grade"
RMS-099
RICK-DIAS
modeled&described by Nobuyuki SAKURAI

019

視場所而定施加相異的漆膜剝落和戰損痕跡

漆膜不會均勻地整面剝落，這應該是誰都能想到的事情。舉例來說，持拿武器的手掌會有著許多細微傷痕和漆膜剝落痕跡；在腿部等較寬廣的外裝面上，漆膜剝落的幅度則會比較大。相對地，光束步槍和黏著彈火箭砲則是不太會有損傷。依循此原則，各部位會添加幅度不同的漆膜剝落痕跡。範例中為了能更寫實地表現出漆膜剝落的痕跡，因此選擇採用矽膠脫膜劑塗裝法。搭配了施加掉漆痕跡的技法，藉此營造出相異的剝落程度。

◀由於頭頂處艙蓋的紅色並未重新塗裝過，因此並未施加漆膜剝落的掉漆痕跡，而是添加了具有不同效果的戰損痕跡。

◀設想了在暗藍色塗裝時期可能會出現某些損傷尚未修復，就直接塗上紅色的狀況，這類凹處顯然會直接連同周圍塗成紅色。因此這類地方不僅紅色的漆膜未剝落，甚至連凹痕都還維持原樣（※請參考左前裙甲（沒有03編號的那一邊））。

▲基於右前臂一帶得經常持拿武器，因此磨損程度顯然會比左臂更嚴重的考量，左右臂施加了程度相異的戰損痕跡。

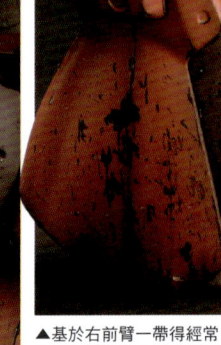

▲基於右前臂一帶得經常持拿武器，因此磨損程度顯然會比左臂更嚴重的考量，左右臂施加了程度相異的戰損痕跡。

BELONGING: A.E.U.G.
MODEL NUMBER: RMS-099
MODEL NAME: RICK-DIAS

機動戰士Z鋼彈 MS科技發展沿革 U.C.0087-0088

▼原有的暗藍色塗裝是處理成半光澤質感，重疊塗佈的紅色則是處理成消光質感，至於添加掉漆痕跡時則是改變了光澤度，藉此凸顯剝落痕跡的效果。為了做到這點，用消光透明漆噴塗覆蓋整體和施加水洗（清洗）得在添加剝落痕跡的工程之前進行，在那之後就完全不再調整光澤度。

▲施加紅色塗裝後待組裝的照片。屬於添加剝落痕跡前的狀態。

為各部位添加了凹陷狀戰損會露出暗藍色時期的塗裝。

▲施加暗藍色底色塗裝時的狀態。在這個階段跡，然後才施加暗藍色的塗裝。

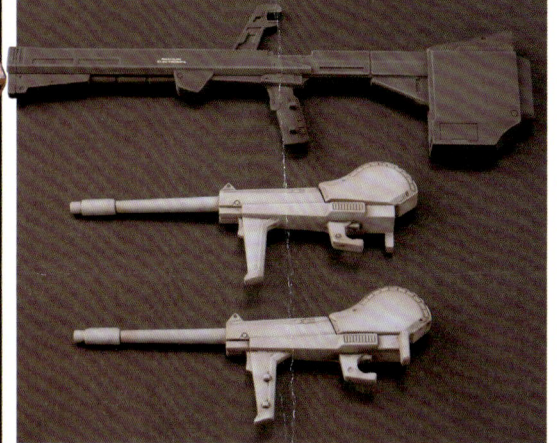

▲考量到各種武器都是半拋棄式的消耗品，因此僅施加較內斂的舊化。

▲平衡推進翼處幽谷標誌是將塗裝改成紅色系之後才加上去的，如今則是隨著漆膜剝落而露出暗藍色時期的徽章。在第二次世界大戰之類的期間進行重新塗裝時，偶爾也會大幅度更動國徽的位置或尺寸。基於這類例子，範例中刻意大幅更動了原配色與重新塗裝後的位置和尺寸。

　　里克·迪亞斯在配色上有著前後期之分，這是大家都曉得的事實。初期配色是以暗藍色＋黑色為主體，看起來會令人聯想到一年戰爭時期的德姆，不過從故事邁入中期起，所有機體配色皆仿照克瓦特羅座機，改為紅＋褐為主。有關原因眾說紛紜，包括劇情設定與製作考量等，在此暫且割愛不提。所謂配色變更，顯然是將原本的初期塗裝重新噴成紅色系配色沒錯。雖然劇中未描寫實際塗裝過程，但以鋼彈Mk-II曾改色為例，可以推斷這是在前線進行的作業。前線重新塗裝並不罕見，如迷彩與冬季迷彩皆屬此類。然而因塗裝條件與方式不同，這種臨時塗裝常較出廠色粗糙，且因應戰場限制，車體間色差、無法完善處理損傷與汙垢等問題也屬常見。因此重新塗裝的顏色只要受到些許碰撞就會剝落，導致該處露出底下原有的塗裝，這類情況在第二次世界大戰的戰場照片等資料中都能清楚地確認到。本範例正是要試著運用塗裝手法來重現這類漆膜剝落的狀況。

　　首先是仔細地施加暗藍色＋黑色的初期塗裝。在這個階段要處理成半光澤質感，並且為整體塗佈矽膠脫膜劑。接著是施加紅色＋褐色的後期塗裝。為了與比頭頂部位艙蓋之類原本就是紅色的地方營造出色調差異，此時選用了更混濁一點的消光紅來塗裝。等到用褐色系油畫顏料施加過水洗（清洗）後，總算可以進入「刮漆」的作業了。這次拿來作為「刮漆」參考資料的，除了AFV系的戰場照片之外，還有各方吉他手經過重新塗裝的愛用訂製吉他。其中也包含了前段時間過世的艾迪·范海倫那把愛用吉他，亦即暱稱「科學怪人」的吉他。由他本人親自重新上色的塗料隨著在舞台上昂演奏而呈現斑駁剝落狀，讓人感受到了「使用過的美感」。此外，我也認為每名MS駕駛員應該都有著「屬於自己的操作習慣」才對。就算是日用品，從牛仔褲破洞處、鞋子磨損程度也都能看出持有者本身的個性和生活習慣。例如我騎自行車時穿的牛仔褲在右腿內側磨損得較嚴重，從這點便能看出我踩踏板時的習慣。本次我就是以這些為參考來施加「剝落痕跡」。

　　儘管本次是在里克·迪亞斯身上施加這種塗裝手法，但鋼彈Mk-II應該也適用這種表現方式才對。只不過基於身為主角機所需的英雄氣概，還有白色這種顏色的特質，顯然在顏色上需要更加細膩的調整才行呢。不過……總有一天我會向這個題材挑戰的。

021

BELONGING: A.E.U.G.

MODEL NUMBER: RMS-179

MODEL NAME: GM II

幽谷規格的吉姆 II

BANDAI SPIRITS 1/100 scale plastic kit
"Master Grade"

RMS-179 GM II
[A.E.U.G.]

modeled&described by Kazuhisa TAMURA

U.C.0088
漩渦作戰前夕

宇宙世紀0088年2月。為了奪取陷入阿克西斯掌握中的格里普斯2，幽谷擬定了漩渦作戰。目的在於趁著迪坦斯和阿克西斯聯手之前，用如同漩渦般的陣形包圍住格里普斯2並進而制壓住該處。儘管幽谷的戰力並不算多，但除了Z鋼彈、百式、鋼彈Mk-II主力MS之外，亦全新補充了尼摩、吉姆II等量產機，以備即將到來的決戰。

022

MOBILE SUIT Z GUNDAM MS TECHNOLOGY / 機動戰士Z鋼彈 MS科技發展沿革 U.C.0087-0088

藉由對細部進行微調來製作出更符合理想的整體造型

吉姆Ⅱ是由一年戰爭時期的名機吉姆施加改良而成,不僅是地球聯邦軍,就連幽谷也有在使用這個機種。為了有助於辨別敵對陣營的機體,幽谷規格將主體上原為紅色處更改為苔綠色。儘管在機體性能方面並沒有變動,但光是更改了配色就令整體給人的印象顯得截然不同。這件範例乃是由喜愛量產機的田村和久擔綱製作。他除了將頸部延長和修改裙甲的分割位置之外,還對各個細部都添加了修飾,藉此讓吉姆Ⅱ能更加符合自己的喜好。

RMS-179 吉姆Ⅱ（幽谷規格）

BANDAI SPIRITS
1/100比例 塑膠套件
"MG"

製作・文／**田村和久**

BELONGING: A.E.U.G.
MODEL NUMBER: RMS-179
MODEL NAME: GM II

▲儘管RMS-179 吉姆Ⅱ已提高了發動機的性能，得以攜帶使用輸出功率更高的光束步槍，但近身戰用的光束軍刀還是只配備了1柄而已。就算說在性能上遠遠不及被稱為第二世代MS的里克‧迪亞斯和尼摩也不為過。

▲光束步槍設想成和尼摩一樣可以掛載在側裙甲上，因此在側裙甲上削出一部分缺口並加以修整，然後在內部裝設釹磁鐵，光束步槍這邊亦裝設了相對應的釹磁鐵，這樣一來即可順利掛載在該處。

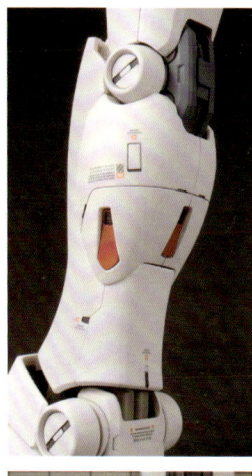

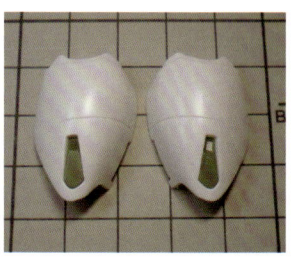

MOBILE SUIT Z GUNDAM MS TECHNOLOGY U.C.0087-0088

機動戰士Z鋼彈 MS科技發展沿革 U.C.0087-0088

▲為推進背包的噴射口裡頭裝設市售改造零件作為細部修飾。感測器部位裡頭也用市售改造零件和塑膠材料等物品添加了修飾，然後才覆蓋上透明零件，以便能透過該零件看到細部結構的模樣。

▲將裙甲的分割線修改為平坦筆直狀，以求更貼近設定圖稿的模樣。

◀由於覺得頸部稍微短了點，因此在底面黏貼1mm塑膠板加以延長。

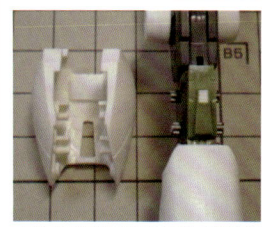

▲將小腿肚外裝零件修改成能先將左右兩側黏合起來，再組裝到小腿上的形式。原有紋路也等黏合完畢後再仔細地重新雕刻出來。

▲將小腿肚處散熱口暫且挖空，再藉由裝設條紋塑膠板來追加細部結構。

▲將肩甲側面散熱口暫且挖穿，再藉由黏貼條紋塑膠板作為細部修飾。

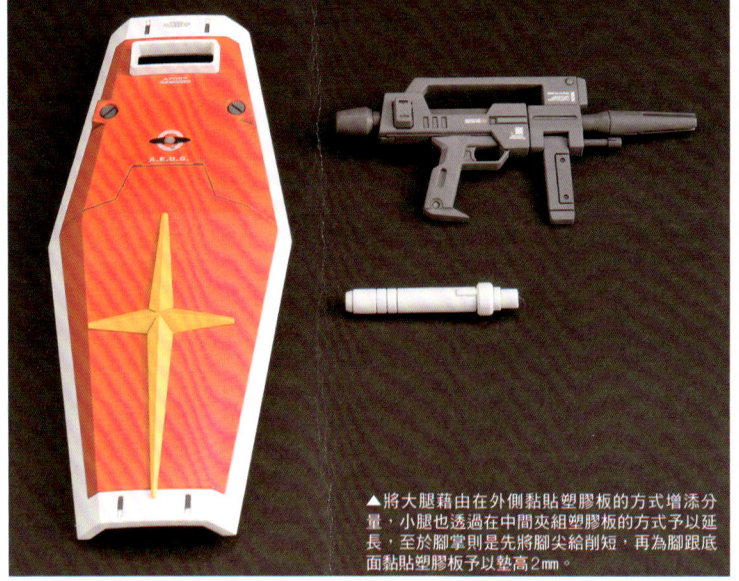

▲將大腿藉由在外側黏貼塑膠板的方式增添分量，小腿也透過在中間夾組塑膠板的方式予以延長，至於腳掌則是先將腳尖給削短，再為腳跟底面黏貼塑膠板予以墊高2mm。

▲製作途中的全身照。除了將頸部延長外，其餘部位幾乎都維持套件原貌，經由仔細地修整各個面和添加精緻的細部修飾後，整體給人更具銳利感的印象。

　　吉姆Ⅱ恐怕是宇宙世紀生產數量最多的MS吧。這次我要製作的正是其幽谷規格。即便是在吉姆系機體中，吉姆Ⅱ也給人相當樸素的印象，但吉姆Ⅱ其實有著由RGM-79吉姆改良而成，以及全新生產的RMS-179這兩種機體存在，這種設定可說是讓它成了格外具有寫實感的MS呢。

　　這款套件是以MG 鋼彈Ver.2.0為基礎，自然也具備了相當高的完成度。不過外裝零件上也仍有著在細部結構方面令人覺得有所不足的部分，因此範例中將會著重於處理這類部位的方向進行製作。

　　在頭部方面，由於覺得下巴與襟領裝甲之間已經近到會彼此卡住的程度，因此便在頸部零件底面黏貼1mm塑膠板加以延長。

　　為了讓裙甲一帶能更貼近設定圖稿中的模樣，因此修改了原本為鑰匙狀的分割線，讓裙甲之間能呈現筆直平坦的形狀。儘管這是只要削平邊緣並黏貼塑膠板填補缺口的簡單修改作業，但各裙甲前後左右的縫隙都相當緊密，必須配合可動範圍仔細地調整才行。配合前述修改，基於希望讓光束步槍能掛載在腰際的想法，範例中對側裙甲上的凸起區塊也施加了修改。既然尼摩等機種也是使用同型的光束步槍，那麼這個時代的機體顯然會把能掛載於腰際列為標準設計。吉姆Ⅱ配合這點施加改良應該也是理所當然的事情。由於我不確定該凸起區塊原本是作為氫控制核還是具備某種其他功能，因此挖出作為掛架用的開口後，亦用塑膠板在頂部補回了與開口同等的體積。

　　接著是添加細部修飾的作業。胸部左側和推進背包處的感測器都是純粹嵌組了透明零件而已，並未設有任何細部結構。範例中也就利用圓形鏡頭狀、方形噴射口狀的市售改造零件為感測器裡做出細部結構。儘管完成後沒辦法看得很清楚，但只要能隱約窺見裡頭有著某種構造就好。肩甲和小腿肚處推進器也是予以挖穿，再裝設條狀塑膠板。另外，基於個人喜好，範例中將小腿肚外裝零件修改成能先將左右兩側黏合起來，再組裝到小腿上的形式。這樣一來不僅有助於自由調整零件分割線的紋路寬度，入墨線後的效果也會顯得更美觀。

　　推進背包處噴射口，將組裝槽設計成整個挖穿的，導致能夠隱約窺見球形關節。因此範例中在不影響到組裝的前提下，利用市售改造零件來遮擋住該組裝槽，同時也為噴射口裡頭添加細部修飾。

　　為整體追加雕刻的紋路僅控制在最低限度。例如在推進器一帶之類具備機能的部位就追加了整備艙蓋狀紋路。

田村和久
在電撃HOBBY月刊上出道後，包含友誌在內以鋼彈模型為中心大顯身手。細膩作工和紮實的改造品味備受肯定。

025

BELONGING:A.E.U.G.

MODEL NUMBER:RX-178+FXA-05D

MODEL NAME:Mk-II DEFENSER [SUPER GUNDAM]

鋼彈Mk-Ⅱ的全新力量

U.C.0088 擊墜漢摩拉比

正當殖民地雷射砲攻防戰打得如火如荼時，艾瑪．辛座機鋼彈Mk-Ⅱ遭遇到了駕駛漢摩拉比的亞贊隊，還被漢摩拉比的機動力玩弄於股掌間而陷入苦戰。所幸卡茲．小林駕駛G防禦機趕來並合體，強化為超級鋼彈後的鋼彈Mk-Ⅱ更是運用長管步槍擊墜了一架漢摩拉比。

BANDAI SPIRITS 1/144 scale plastic kit
"High Grade UNIVERSAL CENTURY"
RX-178 GUNDAM Mk-Ⅱ+FXA-05D G-DEFENSER use

RX-178+FXA-05D Mk-Ⅱ DEFENSER [SUPER GUNDAM]

modeled&described by Ryuji HIROSE(ORIGIN CLUBM)

MOBILE SUIT Z GUNDAM M.S. TECHNOLOGY 機動戰士Z鋼彈 MS科技發展沿革 **U.C.0087-0088**

以製作出理想的超級鋼彈為目標 對鋼彈Mk-Ⅱ施加徹底修改

使用 RX-178 鋼彈 Mk-Ⅱ ＋
FXA-05D G 防禦機

RX-178 ＋ FXA-05D Mk-Ⅱ防禦機 （超級鋼彈）

BANDAI SPIRITS
1/144 比例 塑膠套件
"HGUC"

製作‧文／**廣瀨龍治**
（ORIGIN CLUBM）

隨著與迪坦斯交鋒的戰況日益激烈，對方接連將各式高性能MS投入戰場，因此強化鋼彈Mk-Ⅱ的戰力也成了當前要務。與可變戰鬥機G防禦機合體後，鋼彈Mk-Ⅱ也就成了在火力、防禦力、推進力方面均獲得強化的Mk-Ⅱ防禦機（超級鋼彈）。這件範例是拿HG（No.193）的鋼彈Mk-Ⅱ搭配G防禦機製作而成。鋼彈Mk-Ⅱ本身還利用透過3D建模做出的全新零件施加了徹底修改，藉此完成符合作者個人喜好的超級鋼彈。

BELONGING:A.E.U.G.

MODEL NUMBER:RX-178+FXA-05D

Mk-II DEFENSER [SUPER GUNDAM]

兼具作為可變戰鬥機與強化模組這兩種角色的機體

雖然G防禦機是著眼於與鋼彈Mk-II合體用的機體，但作為一架獨立的戰鬥機也可發揮出高超性能。另外，與鋼彈Mk-II合體時亦能以作為巡航形態的G飛行機進行運用。

G飛行機

與鋼彈Mk-II合體後仍保留駕駛艙模組的核心戰機時，即為屬於巡航形態的G飛行機。在此形態下，兩側吊艙會架在左右肩甲上，引擎組件則是會伸出連接臂扣住雙腿，藉此確保能穩定地巡航。

▲合體為超級鋼彈時，原有的駕駛艙模組會作為核心戰機分離行動。儘管核心戰機在機首備有兩門迷你雷射砲，但機動力並沒有多高。

Mk-II防禦機（超級鋼彈）形態

中長程MEGA粒子砲的長管步槍展開握把後，可從背部改為供鋼彈Mk-II持拿。背部導流板也能發揮作為護盾使用的功能。

G防禦機

G防禦機作為航宙戰鬥機也可發揮十分出色的性能。長管步槍在掛載於側面吊艙的情況下也可直接開火射擊。

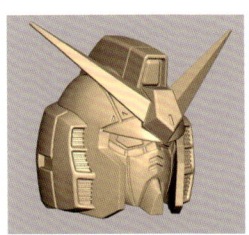

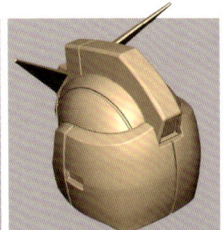

▲頭部是經由3D建模自製的。儘管一度將尺寸做成和套件的頭部一樣大，但搭配起來實在不合適，因此便重新做成比套件的大5%。為了能裝設套件中的火神砲莢艙，於是在頭盔側面削出組裝用凹槽。另外，還將火神砲莢艙的天線削磨得更具銳利感。

▲將頸部後側的凹槽用補土填滿。

◀將胸部散熱口的風葉削磨得更具銳利感。

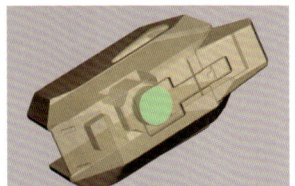

▲在前臂的護盾用組裝槽裡設置直徑4mm釹磁鐵，護盾這邊也設置了相對應的磁鐵。

▲腳掌也藉由3D建模製作出了更大的尺寸。並將踝護甲和腳跟製作成比套件更大一件的尺寸。以便擺出自然流暢的站姿。

▲肩部和前臂也換用3D建模做出的自製零件。至於上臂則是稍微削短了一點。

◀與套件素組狀態（照片左方）的比較。除了本頁提到的部位之外，裙甲、小腿，以及手掌也都是由3D建模自製的零件。

■前言

因為這次是《Z鋼彈》後半的特輯，所以由我來負責製作Mk-Ⅱ防禦機！我立刻將套件分別組裝完成並試著合體看看，結果發現兩者發售的時期終究差了好一段時日，導致在造型均衡性上有著顯著落差。因此，這次也採取3D建模手法來改變Mk-Ⅱ的體型，並配合G防禦機加以修改的方式製作。

儘管立即想修改Mk-Ⅱ的體型，但HG（UC）系列初期是依KATOKI HAJIME老師的設計開發。為了配合同為初期套件的G防禦機，我選擇同樣參考KATOKI HAJIME老師的MG、GFF設計及舊HG套件畫稿，將Mk-Ⅱ製作得更壯碩。有明確藍本後，製作也更順利。這次的頭部、手臂和下半身皆以數位建模零件呈現，並在保留原可動機構下，調整各部位達成良好契合。

頭部是以畫稿為參考並融入我個人對Mk-Ⅱ的印象來製作造型。為了順利營造出原本是迪坦斯的MS，所以臉部從正面看起來時會顯得眼神很銳利，但仰望時又會呈現如同78鋼彈系的和善眼神，我對帽簷和雙眼形狀反覆調整了許多次。

臂部也在希望調整得更壯碩的前提下，根據個人喜好的造型經由數位建模重新做出肩部、前臂，以及手掌，並且配合調整了上臂的長度。

在製作下半身造型時，我著重在讓上半身到腳掌的線條自然連貫，並為各角度營造魅力。有人或許好奇「何謂線條流暢相連？」以我個人觀感而言，當模型呈現站姿時，從頭到腳應有筆直連貫感。即使只看腿部，也需注意大腿、膝蓋與小腿的均衡，確保大腿與小腿肚、小腿與踝護甲及腳掌的線條能順暢銜接。雖是個人觀感問題，但把握這個概念方向，造型自能更顯帥氣。至於營造魅力，以大腿為例，原套件如包裝所示，原本順暢的線條看似被截斷。但只需側面削出個圓角，便可以改善，讓腿部線條銜接得更美。製作時若能留意這點，作品將更挺拔俐落。

經由前述過程將零件設計完成，再來就是用3D列印機輸出列印成立體零件，等到逐一削掉原有的支撐後，可進一步修飾零件並組裝起來。這次畢竟得組裝到原有套件上，因此並非直接一舉輸出列印零件，而是分成好幾次輸出列印，以便將零件調整改良得更為精緻契合。至於塗裝和水貼紙則是以KATOKI HAJIME老師筆下的圖稿為準。

這樣一來在能夠與G防禦機取得均衡之餘，Mk-Ⅱ本身也製作成了符合我個人喜好的體型！我其實相當喜歡像這樣講究地調整體型和外形的製作方式，若是有機會的話，希望今後也能接到經手這類範例的委託！

■配色

挑選顏色時是以KATOKI HAJIME老師筆下的圖稿為準。

白＝超級貝殼白（Finisher's）
黃＝柔和橙
胸部暗藍＝火星暗藍
紅＝玫瑰亮紅
推進背包＆武器＝雪地暗灰
關節＝紫羅蘭灰
藍＝蒼風

※未特別標註者均是使用gaianotes製gaiacolor

廣瀨龍治
ORIGIN CLUBM的年輕原型師。雖然年紀不算大，卻是個比較喜歡宇宙世紀系列《鋼彈》的罕見年輕人。

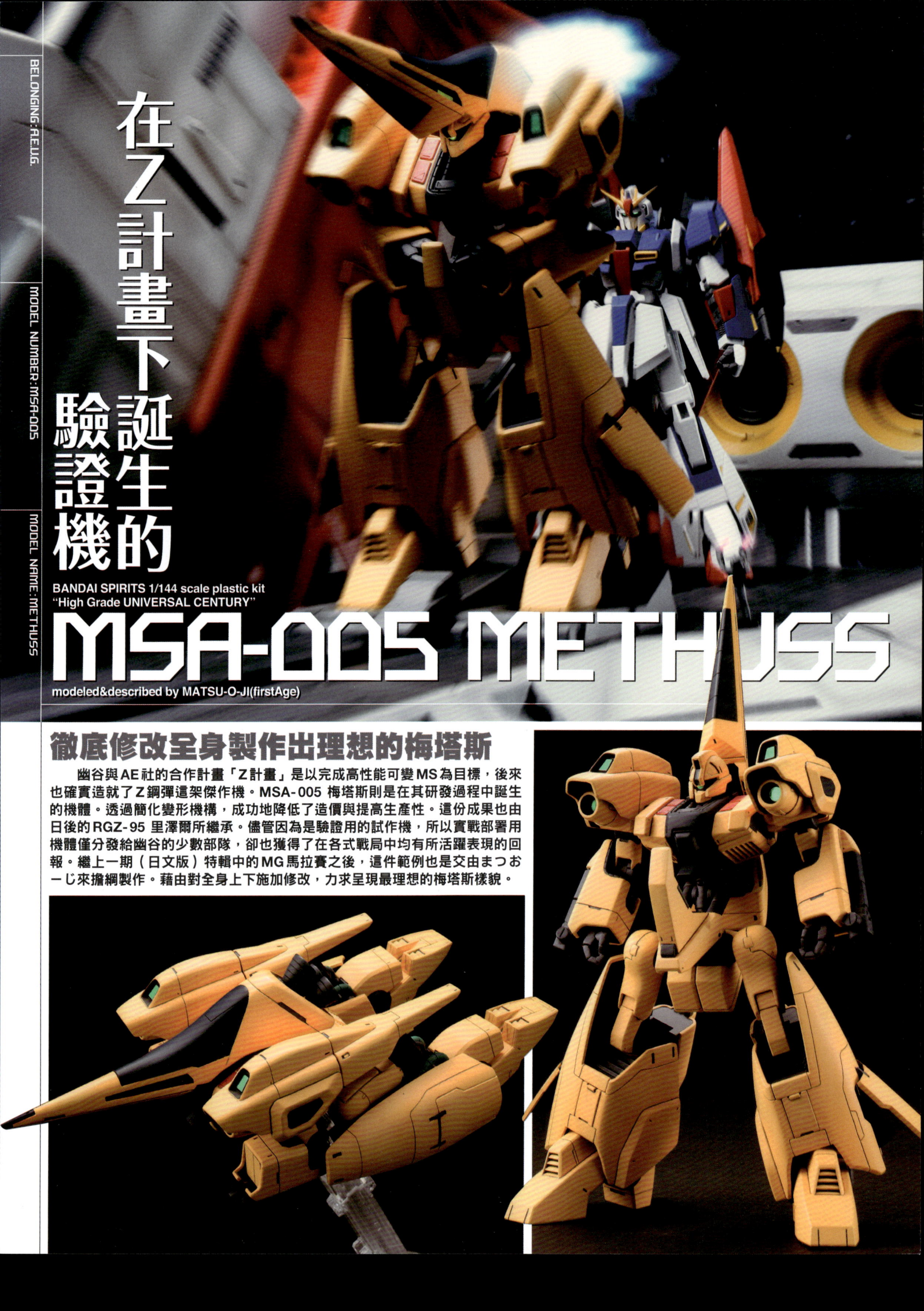

BELONGING: A.E.U.G.
MODEL NUMBER: MSA-005
MODEL NAME: METHUSS

BANDAI SPIRITS 1/144 scale plastic kit
"High Grade UNIVERSAL CENTURY"

MSA-005 METHUSS

modeled & described by MATSU-O-JI (firstAge)

在Z計畫下誕生的驗證機

徹底修改全身製作出理想的梅塔斯

　　幽谷與AE社的合作計畫「Z計畫」是以完成高性能可變MS為目標，後來也確實造就了Z鋼彈這架傑作機。MSA-005梅塔斯則是在其研發過程中誕生的機體。透過簡化變形機構，成功地降低了造價與提高生產性。這份成果也由日後的RGZ-95里澤爾所繼承。儘管因為是驗證用的試作機，所以實戰部署用機體僅分發給幽谷的少數部隊，卻也獲得了在各式戰局中均有所活躍表現的回報。繼上一期（日文版）特輯中的MG馬拉賽之後，這件範例也是交由まつおーじ來擔綱製作。藉由對全身上下施加修改，力求呈現最理想的梅塔斯樣貌。

MOBILE SUIT Z GUNDAM MS TECHNOLOGY
機動戰士Z鋼彈 MS科技發展沿革 U.C.0087-0088

MSA-005 梅塔斯
BANDAI SPIRITS
1/144比例 塑膠套件
"HGUC"
製作・文／
まつおーじ（firstAge）

▲1號機是由蕾柯亞・隆德搭乘。在與亞贊隊的漢摩拉比爆發激烈交戰後，最終悽慘地遭到擊墜。然而梅塔斯的機動性其實與漢摩拉比不相上下才是。

◀套件中附有起落架零件，因此也能重現停放狀態。

BELONGING: A.E.U.G.
MODEL NUMBER: MSA-005
MODEL NAME: METHUSS

作為輔助飛行系統使用的梅塔斯

梅塔斯的MA形態在機動性、靈敏性、加速性等方面都很出色，可作為太空戰鬥機發揮出優秀的性能。因此有時也會像SFS（輔助飛行系統）一樣搭載其他MS行動。在對抗漢摩拉比時就曾出現過Z鋼彈搭乘在梅塔斯上的場面。

與MEGA火箭巨砲的合作行動

梅塔斯也曾作為MEGA火箭巨砲的能量包使用。在格里普斯戰役期間，梅塔斯曾以僚機身分與百式一同行動，並且利用位於駕駛艙區塊下方的連接器為MEGA火箭巨砲供給能量。

不適合實戰的戰鬥能力

由於梅塔斯在武裝方面僅有作為前臂處固定式武裝的臂部光束槍，以及收納於腿部內側掛架的光束軍刀，因此比起用MS形態戰鬥，其實更適合以MA形態施展一擊遠颺的打帶跑戰法。

身體 
▲為了能簡潔地變形，身體呈現骨架外露的模樣，從這點可以推測出防禦力顯然較差。

臂部光束槍
▲臂部光束槍平時是折疊收納在前臂上，翻轉至前方後就可以用機械手持拿握把進行射擊。就算是MA形態也能使用這門武器。

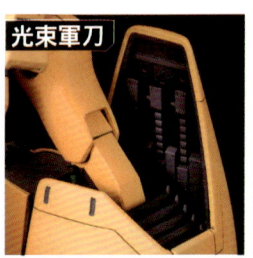

光束軍刀
▲光束軍刀在腿部裝甲罩內側收納有3柄，亦即左右共計備有6柄。而且不僅能作為一般的光束軍刀使用，有時也能改為產生斧狀的光束刃。

MSA-005 梅塔斯

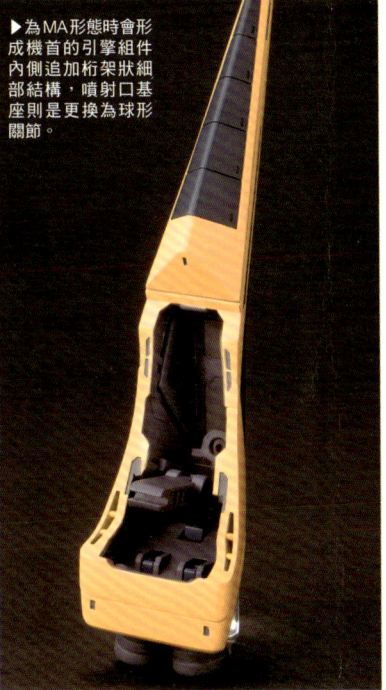

機動戰士Z鋼彈 MS科技發展沿革 U.C.0087-0088

▶為MA形態時會形成機首的引擎組件內側追加桁架狀細部結構，噴射口基座則是更換為球形關節。

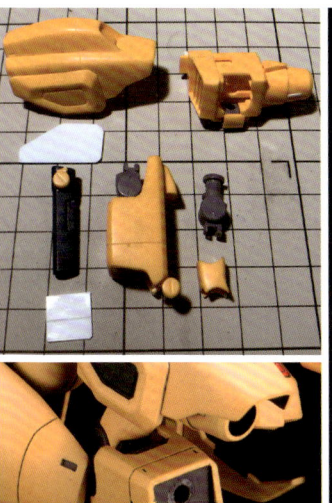

◀▲製作下半身時，我讓上半身到腳掌的線條順暢連接，將方正的肩甲前端削短並打磨得圓鈍些。臂部光束槍可分件組裝，另為MA形態準備了遮擋手腕軟膠零件的塑膠板。

▲將頭部藉由在黏合面夾組塑膠板的方式前後延長。頸部也一併延長並將後側的凹槽給填滿。骨架部位先從腰部上分割開來，再經由用塑膠棒做出油壓桿狀結構的方式加以延長，腰部中央組件的骨架則是要削短，並且用塑膠棒做成油壓桿狀造型作為細部修飾。

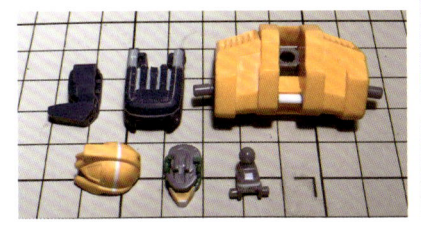

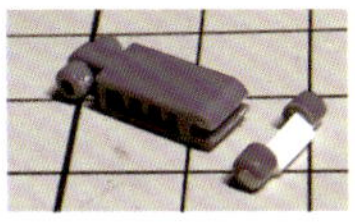

◀利用塑膠材料將銜接引擎組件與主體的零件修改成能夠分件組裝。

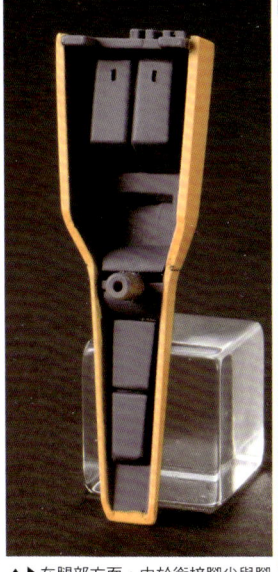

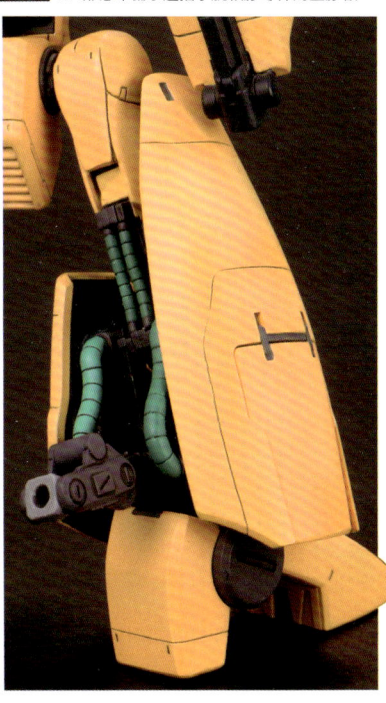

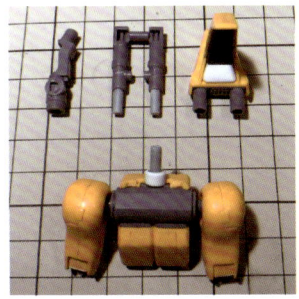

▲▶在腿部方面，由於銜接腳尖與腳跟的骨架從底面看來會呈現中空狀，因此塑膠材料追加了艙蓋狀零件。小腿肚裝甲罩內側則是用塑膠材料追加了細部結構。

■就各方面來說都是經典配角

配合《Z鋼彈》後半的特輯，這次我要製作的是梅塔斯。它不僅是為Z鋼彈打下基礎的幽谷首款可變MS，還曾為MEGA火箭巨砲供給能量，故事最後一幕裡還前去迎接Z鋼彈歸來，可說是深受喜愛的經典配角呢。套件是HGUC的61號，當年的關節還不是ABS材質，令人感受到了時代的差距呢。儘管想要兼顧變形功能和體型的難度頗高，我還是決定對體型施加修改，力求呈現符合我個人喜好的樣貌。

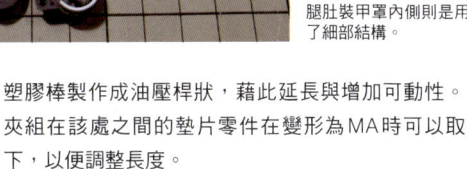

■製作

臉孔是角色模型的關鍵所在，於是我將頭盔藉由從接合線夾組塑膠板的方式予以延長，給人過於凸出印象的下巴則是削掉，以便塑膠板修改成符合我個人喜好的臉孔。

對胸部會抵住骨架的部位稍加削磨調整，使這部分能傾斜朝向下方，還修改了深藍色零件的形狀。接著將身體的骨架從腰部上分割開來，並且用塑膠棒製作成油壓桿狀，藉此延長與增加可動性。夾組在該處之間的墊片零件在變形為MA時可以取下，以便調整長度。

肩甲原本給人筆直方正的印象，因此將前端削短並打磨圓鈍，並稍微修整會接觸胸部的軟膠零件基座側後，以擴大可張開的幅度。側面則與另一片零件黏合成一體。上臂部分將關節零件分開，方便塗裝後再黏合。前臂因形狀粗壯且稜角分明，在塑膠厚度允許下削小一號，並大幅圓潤倒角。這些調整讓肩甲整體印象明顯改變，我個人相當滿意。

由於小腿以下過於往前凸出，因此修改了膝關節的零件形狀。膝關節本身還將上側的軟膠零件區塊給分割開來，等上色完畢後再重組裝起來。小腿肚裝甲罩內側顯得空蕩蕩的，雖說僅追加桁架狀的細部結構也行，但範例中還是做成設有某些組件的模樣。另外，還對各散熱口的風葉和噴射口進行重新雕刻，使這些部位的末端能顯得更薄。

■塗裝

塗裝基本色後，再以加入白色調亮的顏色上光影，營造多層次色階。暈染處則用我最近喜歡的海綿拍塗法添加斑點。黃色用WG-04淺橙色，深藍是過去調的顏料（我忘記配色比例了……不好意思），骨架用EVA暗灰。感測器周圍先以琺瑯漆噴塗，再唰地擦除多餘部分以呈現黑色。肩甲等部位內側較醒目，因此特別仔細上色，不想被看清的部位則用深色處理。黃色零件用卡其色琺瑯來入墨線，其他則依情況選用暗灰或黑色。完工時使用最近愛用的Ex-10特製消光透明漆修飾，帶點濕潤感的質地讓我很滿意。

まつおーじ
十分擅長從消光質感塗裝到舊化處理的技法，為隸屬於firstAge的關西模型師。

BELONGING：KARABA
MODEL NUMBER：MSK-008
MODEL NAME：DIJEH

阿姆羅出擊

BANDAI SPIRITS 1/144 scale plastic kit
"High Grade UNIVERSAL CENTURY"

MSK-008 DIJEH

modeled&described by KOJIMA DAITAICHO

藉由追加細部結構和原創步槍
讓迪傑能更具個性

　　繼里克・迪亞斯之後，阿姆羅・嶺接著搭乘的機種正是迪傑。以幽谷留下來的里克・迪亞斯為基礎，由卡拉巴所研發出的試作機，外形上有點像吉翁軍的傑爾古格。儘管迪傑很令人遺憾地未在電影版中登場，但畢竟是阿姆羅搭乘的機體，況且更是HG系列頂尖的傑作套之一，因此特別納入本特輯中。這件範例除了將腿部稍加延長以外，其餘部分的外形幾乎都維持套件原樣。全身各處利用剩餘零件添加了細部修飾，藉此進一步提高密度感。

MOBILE SUIT Z GUNDAM MS TECHNOLOGY **U.C.0087-0088**
機動戰士Z鋼彈 / MS科技發展沿革

MSK-008 迪傑
BANDAI SPIRITS
1/144比例 塑膠套件
"HGUC"

製作・文／
コジマ大隊長

▼由於迪傑為地面組織卡拉巴的機體，戰鬥時也就經常搭配S.F.S.一同行動，因此果然還是該讓它搭乘在HG德戴改上一同展示呢。

▶作為範例的原創要素，取用HG傑爾古格J的步槍改造為狙擊步槍供迪傑持拿。由於迪傑原本就顯著地繼承了傑爾古格的特色，因此與這挺武裝十分相配呢。

宛如傑爾古格的輪廓與散熱板

▼對迪傑來說，推進背包散熱鰭片是構成整體輪廓的關鍵性要素。這也象徵著因為搭載了高機動發動機，所以有著必須進行強制冷卻的需求。

單眼加上備有嘴喙的頭部，以及掛載在腰際的光束薙刀等設計，充分點出迪傑顯著地留有傑爾古格的特色。

◀儘管頭部的形狀和傑爾古格很相似，卻具有火神砲和駕駛艙等設備，在機能面上顯然比較接近作為基礎機體的里克・迪亞斯。

MSK-008 迪傑

▲迪傑除了以光束步槍和黏著彈火箭砲為武裝之外，亦備有作為傑爾古格主武裝的光束薙刀。

035

BELONGING: KARABA
MODEL NUMBER: MSK-008
MODEL NAME: DIJEH

▲與作為基礎機體的里克·迪亞斯（製作／JUN III）合照。儘管各部位的造型相異，但整體輪廓還是會給人有些相似的印象。

▲與套件素組狀態（右方）比較。由照片中可知，隨著大腿從關節部位延長5mm，整體明顯變高，頭身比例也拉長了。

▲推進背包上設有掛架，能夠像里克·迪亞斯一樣將光束步槍和黏著彈火箭砲掛載在背後。光束薙刀的光束刃是運用漸層塗裝來表現出發光狀態。套件本身就設計得很不錯，可動範圍也很寬廣，能擺出各式各樣的動作架勢。

▲武裝一覽。範例原創的狙擊步槍沿用自HG傑爾古格J。其他則是維持套件原樣。光束步槍與百式的相同，黏著彈火箭砲也與里克·迪亞斯的同型。

U.C.0087
吉力馬札羅的風暴

為了攻陷吉力馬札羅，卡拉巴和幽谷聯手展開行動。卡拉巴派出了以阿姆羅為中心的MS部隊，幽谷艦隊的百式和Z鋼彈則是一同衝入大氣層，從上空發動了奇襲。然而隨著腦波傳導型鋼彈現身，戰況開始產生巨大變化。

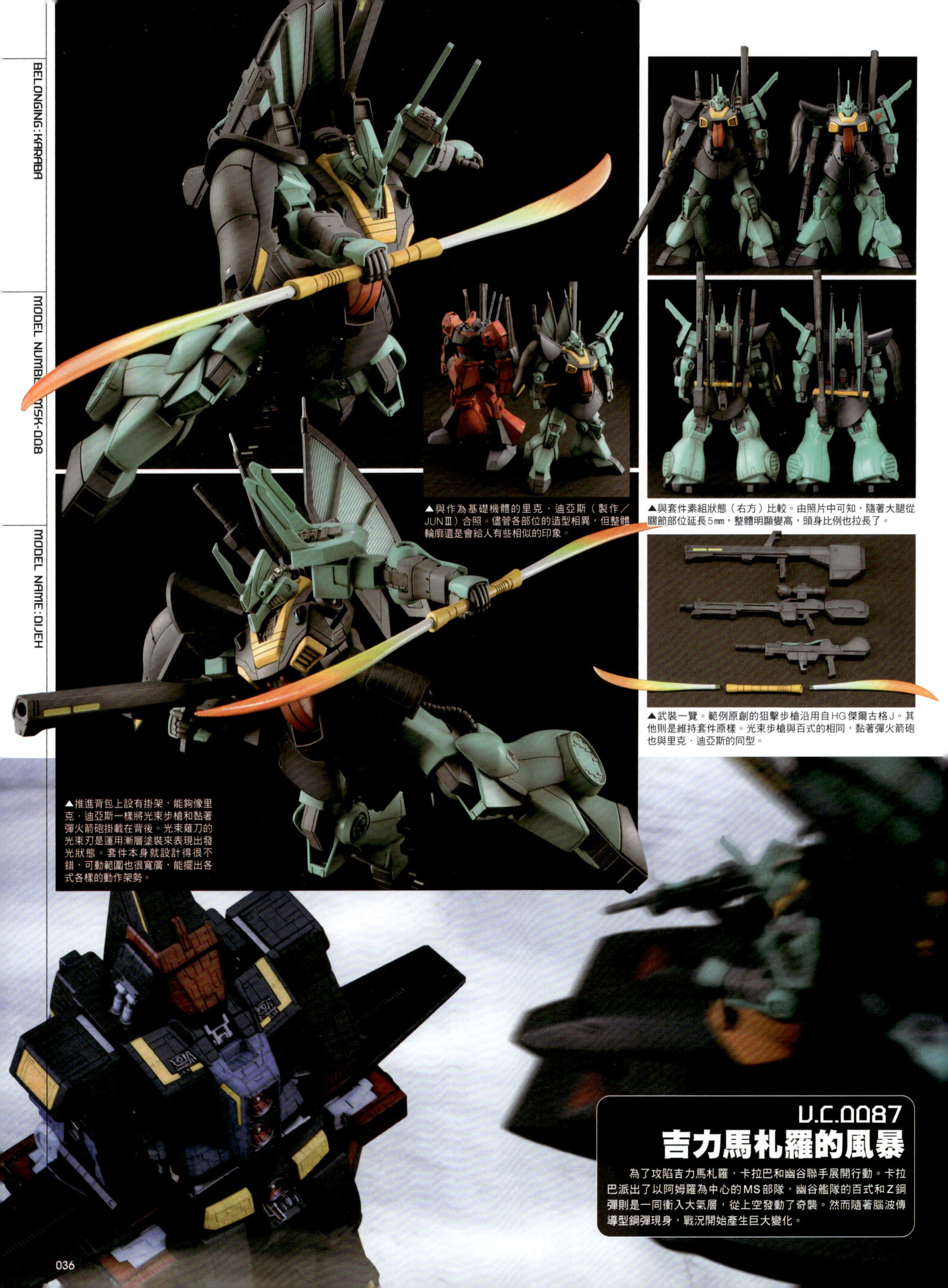

036

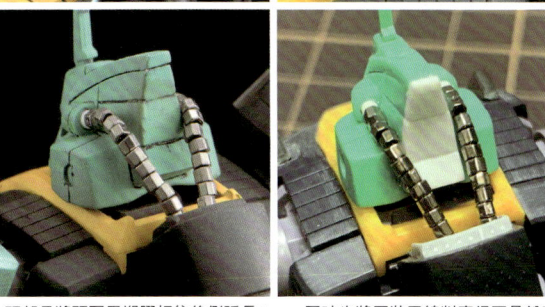

機動戰士Z鋼彈 / MS科技發展沿革 U.C.0087-0088

▲頭部是將頭冠用塑膠板往後側延長1mm，同時也將刃狀天線削磨得更具銳利感。至於火神砲後方管線則是改用在手工藝品店買到的串珠重製。

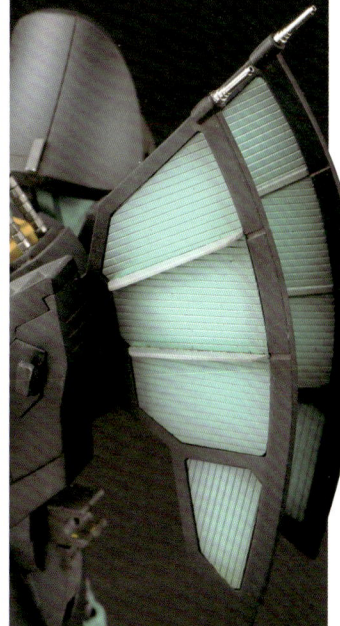

▲在襟領上削出缺口，再塞入1/144 Y翼戰機的零件，胸部頂面左右兩側則是移植了HG鋼彈Mk-Ⅱ的感測器。

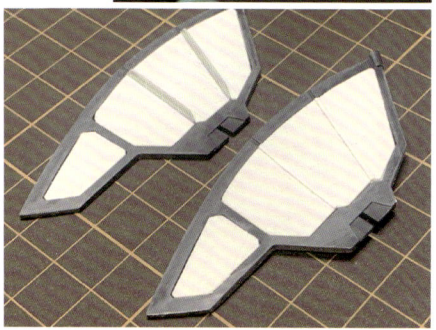

▲在後裙甲內側黏貼科幻機體的零件，藉此詮釋成噴射口風格的造型。

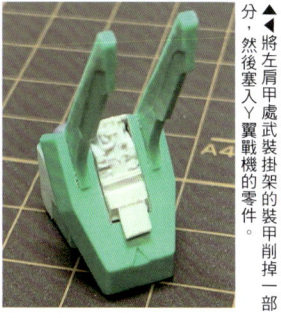

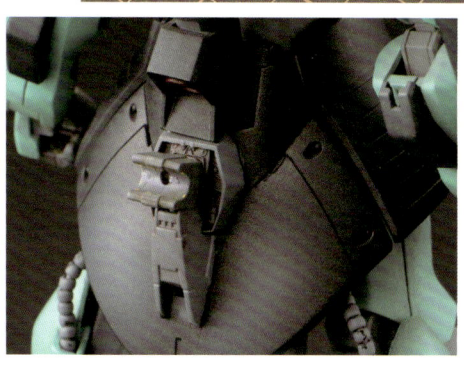

▲將左肩甲處武裝掛架的裝甲削掉一部分，然後塞入Y翼戰機的零件。

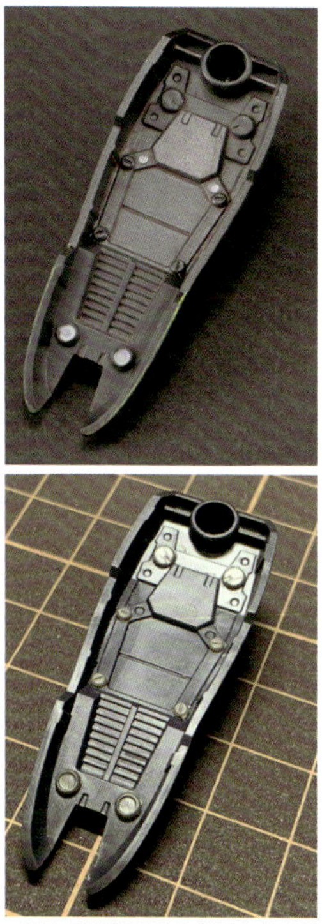

▲將右肩處護盾的內側用市售改造零件進一步添加細部修飾。

▲為大腿頂部區塊夾組塑膠管以延長5mm。

▼將散熱鰭片用evergreen推出的條紋塑膠板重製，並且進一步追加散熱風葉，藉此將造型詮釋得更具立體感。

◀光束薙刀的掛架沿用自1/144 X翼戰機，而且還做得有那麼一回事。

　　迪傑向來是頗難製作的主題，畢竟各部位明顯地受到舊吉翁的影響，光是要擬定該往什麼方向製作都得費上不少功夫。話雖如此，這款套件本身設計得相當不錯，有著就算只是直接製作完成也能令人十分滿意的品質，範例中也就將重點放在以添加細部修飾為中心來提高密度感的作業上。

■製作
　　在頭部方面，將頭冠往後側延長1mm，藉此凸顯出頭部本身為三角形的外貌，火神砲後方管線則是改用在手工藝品店買到的串珠重製。位於下巴底下的襟領也用1/144 Y翼戰機零件追加細部結構。胸部還移植了HG（UC）鋼彈Mk-Ⅱ的感測器。另外，在經由新增刻線營造出裝甲的分割表現時，這部分會將便於整備的模式納入考量，藉此讓各個紋路能具有意義。

　　左肩甲處武裝掛架也用Y翼戰機的零件追加了機械狀細部結構，藉此重現看似有意義的構造。
　　筆者個人難以理解為何只有上臂設計成剖面為圓形的零件，因此換成了聯邦系機體的上臂零件。肘護甲也改為使用HG洛特零件以取得均衡。
　　在腿部方面，為大腿頂部區塊夾組塑膠管以延長5mm，藉此讓大腿能顯得長一點。另外，還在小腿裝甲上追加了刻線，更適度地黏貼塑膠片來增加視覺資訊量，這樣一來應該能緩和原本過於單調的形象才是。
　　將推進背包處散熱鰭片的散熱板用evergreen製條紋塑膠板重做，頂部天線則是換成HIQ PARTS製的車床加工零件。
　　在武裝方面，一般的武器僅按照基本方式製作完成，然後還沿用了HG（UC）傑爾古格J的步槍。

由於兩者的臉孔有幾分相似（？），因此搭配起來似乎比想像中來得更合適？

■配色表
綠＝G018翡翠綠＋024鈷藍少許
深藍＝061午夜藍
紅＝NC-003火焰紅
黃＝005陽光黃＋025黃橙色
關節＝機械部位用淺色底漆補土
※以上均是使用gaianotes製gaiacolor

コジマ大隊長
　　無論是半自製模型、添加細部修飾、還是舊化塗裝，精通各式技法的資深職業模型師。

037

為EX模型阿含號設置燈光和電動機構

在格里普斯戰役到第一次新吉翁戰爭（亦稱為哈曼戰爭）這段期間，阿含號以幽谷旗艦的身分有著活躍表現。可說是一艘繼承了一年戰爭名艦白色基地輝煌戰績的突擊巡洋艦。這件範例選用了EX模型版的套件來製作。儘管比例為1/1700，全長也只有約20cm，說起來小巧了些，但範例中除了為彈射甲板、艦橋，以及噴嘴一帶設置燈光機構之外，更為屬於阿含號首要特徵之一的居住區塊設置了旋轉機構，令這件作品顯得看頭十足。

BELONGING : A.E.U.G.
ASSAULT CRUISER
MODEL NAME : ARGAMA

幽谷的旗艦

BANDAI SPIRITS 1/1700 scale plastic kit
"EX MODEL" MOBILE SHIP ARGAMA use

ASSAULT CRUISER ARGAMA

modeled&described by Dorobouhige

▶套件中的居住區塊（維生模組）可經由替換組裝重現收納和旋轉這兩種形態。而旋轉形態也確實能用手抵著轉動。儘管範例中是以旋轉狀態為基礎進行製作的，但只要拆掉支柱的話，亦可像上方的特輯照片中一樣，重現收納起居住區塊（＆艦橋）就戰鬥位置的形態。

038

兼顧了戰鬥力與居住性的突擊巡洋艦

雖然阿含號是一艘最多可搭載12架MS的航宙MS母艦,船艦本身的戰鬥力卻也非常高。另外,備有離心力式重力產生系統的居住區塊亦是一大特徵所在,由於該區塊具備重力,因此能用來設置乘組員的個人艙房、餐廳,以及娛樂室。使得乘組員能夠長期滯留在太空環境中。

MEGA粒子砲

高出力MEGA粒子砲

◀▲在左舷機庫處設有高出力MEGA粒子砲,在船身中央前後兩側和船腹處則是共計設有4座MEGA粒子砲。

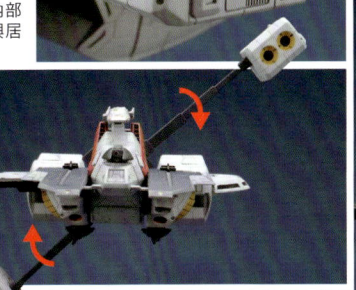

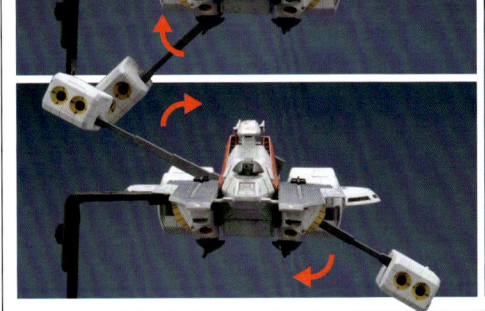

居住區塊
▶箱形的居住區塊能夠以船身為軸心進行旋轉,具備靠著離心力產生重力的機制。乘組員能藉由從船身中央延伸出來的支柱內部通道往來船身與居住區塊之間。

突擊巡洋艦阿含號
使用BANDAI SPIRITS 1/1700比例 塑膠套件
"EX模型"突擊巡洋艦阿含號
製作・文/**どろぼうひげ**

▶隨著設置了燈光機構,艦橋、機庫內部,以及彈射甲板上的導向燈都能發光。套件中附屬的同比例Z鋼彈、鋼彈Mk-Ⅱ、里克・迪亞斯當然也都仔細地分色塗裝完成,而且為了讓它們能更易於站穩起見,還進一步追加用透明塑膠板製作的台座。

BELONGING: A.E.U.G.　ASSAULT CRUISER　MODEL NAME: ARGAMA

引擎

▲引擎為白合金製零件，按套件原樣是無從發光的，因此利用熱塑土搭配AB膠複製為透明零件。

▼由於裝設LED後會讓尺寸變得更大，為了能美觀地收納進去，因此有必要對船身內部的組裝槽和補強結構進行加工。

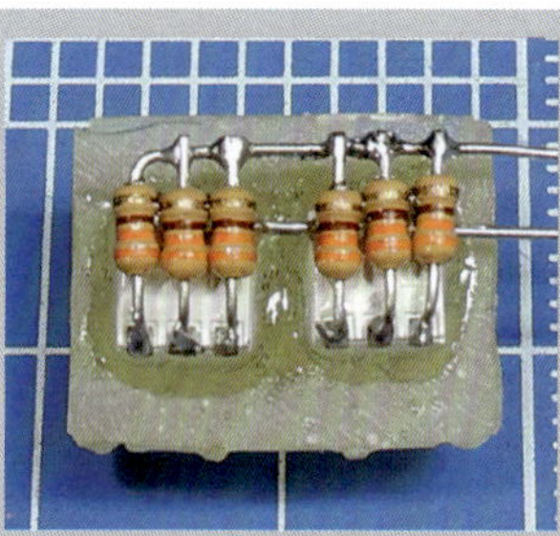

▲將引擎複製為透明零件後，在內側設置2個薄型的冰藍色LED，即可確保能散發出強烈的光芒。

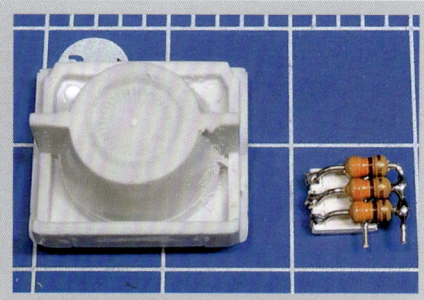

▲將主引擎內側削薄至極限，讓光芒能透射出來，這樣即可在無損於原有細部結構的情況下發光。

▲會發光的部位必須先遮蓋好再塗裝，這樣就能只讓噴射口發光，得以進一步發揮出燈光機構的效果。

高出力MEGA粒子砲

▶為高出力MEGA粒子砲在基座設置粉紅色的晶片型LED，再經由連接直徑1公釐的光纖讓砲口也能發光。砲管與基座之間的支架則是更換為金屬線，這樣一來不僅更為牢靠，還能從中隱約窺見發射時的光芒。

◀將光纖最前端打磨成圓頂狀，確保除了正面之外也都能散發出發射時的光芒。LED則是藉由雙針腳型端子連接至船身上。

◀從船身這邊的2針腳型插座藉由微型電腦建程式來重現發射程序。由於該處的艦蓋零件組裝得很緊密，因此加工成能利用磁鐵吸附住再取下。

艦橋

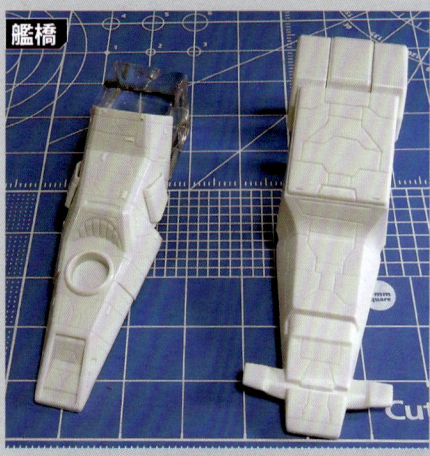

▲包含艦橋在內，船身外裝零件幾乎全面性地追加雕刻了紋路。

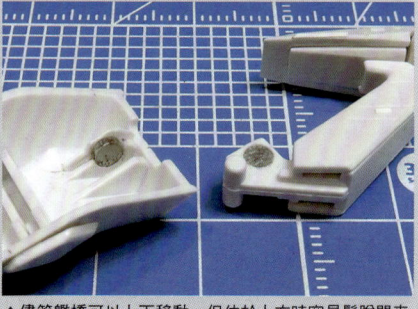

▲艦橋正面的窗戶以極細銅線追加了窗框。選用金屬線，用意在於避免燈光機構發出的光芒經由窗框透射出來。

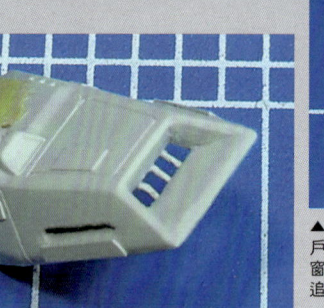

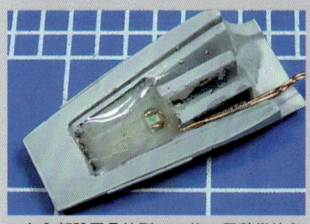

▲在內部設置晶片型LED後，用稍微染色的AB膠埋起來。這樣一來即便藉由塗裝遮擋住光線，由於內部是透明的空間，因此還是能將光線傳導到窗戶那邊去。

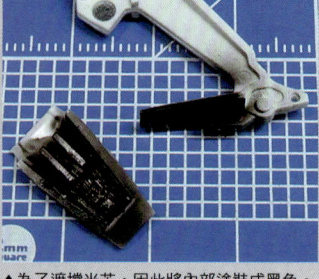

▲為了遮擋光芒，因此將內部塗裝成黑色。

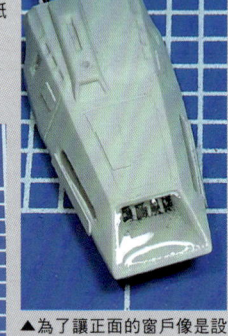

▲儘管艦橋可以上下移動，但位於上方時容易鬆脫開來往下滑，因此藉由設置磁鐵來輔助固定。

▲將艦橋正面與側面的窗戶給挖穿，並且在側面的窗戶下方用0.1mm塑膠紙追加防禦壁。

▲為了讓正面的窗戶像是設置在一整塊玻璃後頭，因此將開口處用AB膠填滿。此時不小心混入了微量的氣泡，令作者感到相當懊悔。

機庫

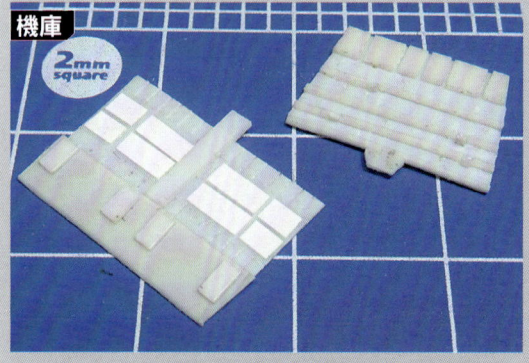

▲MS機庫的地板和地面是以動畫為參考自製而成。由於有些細節實在難以辨識，因此也有一部分出自作者的個人詮釋。

▲在內部雕出低一階的面，然後將自製的地板和壁面嵌組進去。不僅如此，更在天花板上追加了白色LED作為照明。

040

MOBILE SUIT Z GUNDAM MS TECHNOLOGY U.C.0087-0088
機動戰士Z鋼彈 / MS科技發展沿革

彈射甲板

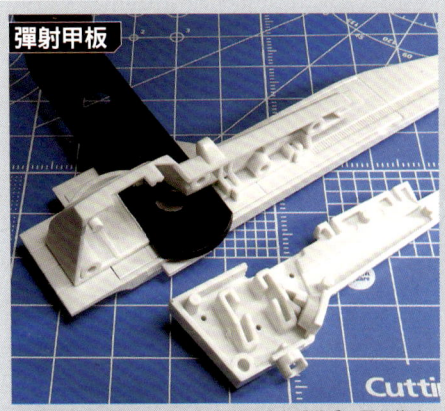

▲為了能藉由橫向支撐住船身來營造出浮游感，因此修改成能利用金屬製結構鋼來牢靠地支撐住的構造。

▲由於支柱上還設置了3針腳型的連接器，因此只要一插到船上，即可讓電源和馬達動力連接起來。

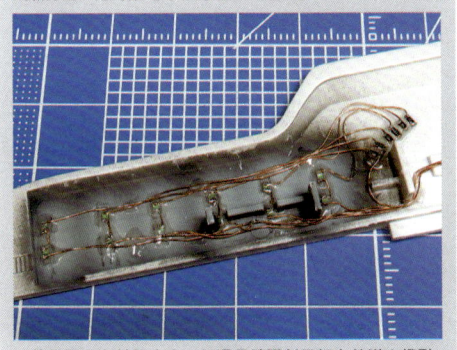

▲儘管不存在於設定中，但還是讓彈射甲板上的導向燈點亮。挖出0.3mm孔洞，為零件背面設置晶片型LED來點亮。

居住區塊

▲為了能夠旋轉而使用了60rpm（每秒轉1圈）的齒輪箱馬達。這是將從玩具上拆下來的齒輪，加工裝設製作而成。

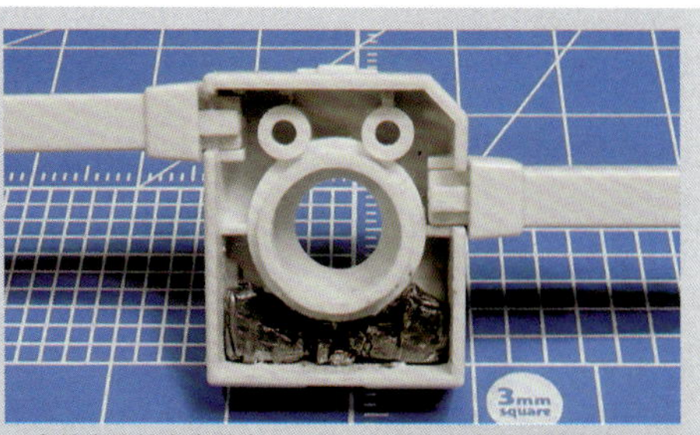

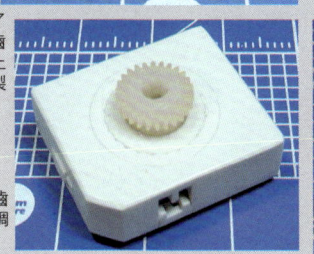

▶旋轉基座上也設置了齒輪。位於中央的孔洞則是調整為3mm。

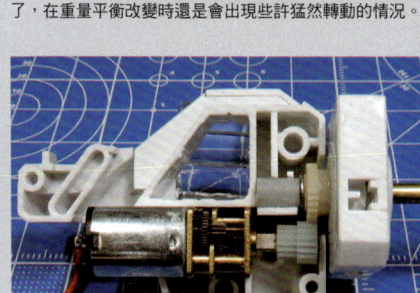

▲由於支柱並未穿過中心，因此無論如何都會很不平衡。範例中則是藉由塞入鉛塊來稍微改善重量平衡。但即便這樣做了，在重量平衡改變時還是會出現些許猛然轉動的情況。

▲馬達與居住區塊用齒輪之間的相對位置關係。屬於3mm黃銅管本身並不會旋轉，只有居住區塊會旋轉的構造。

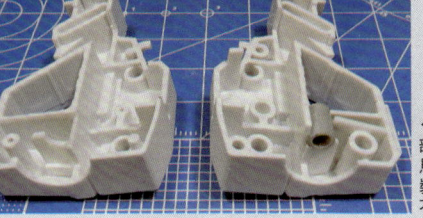

◀船身這邊也在內部切削出可供容納馬達的空間，並且裝設圓管用來固定不必轉動的軸棒。

▲引擎部位發光用電源是藉由穿過不必轉動的黃銅管裡來連接。

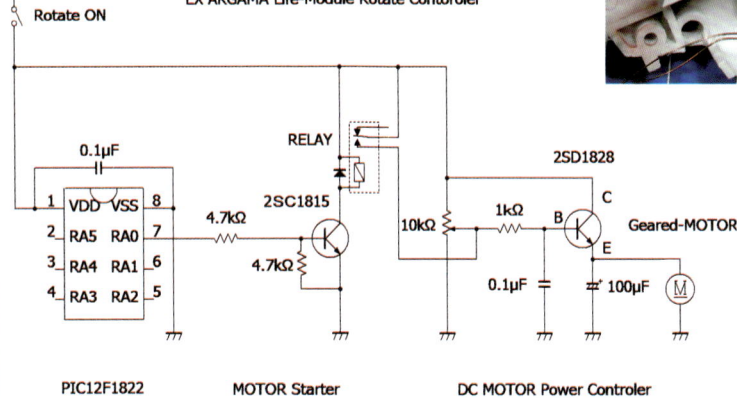

◀由於60rpm的馬達轉速過快，因此搭載了控制馬達轉速的電路，讓轉速能再慢一點。然而這樣做之後又顯得太慢，即便啟動電源，馬達也不會立刻開始轉動，只好利用PIC微控制器追加能僅於10ms內直接對馬達增加5V的啟動電路。

EX ARGAMA Life-Module Rotate Contoroler
PIC12F1822 — MOTOR Starter — DC MOTOR Power Controler

■一提阿含號就會聯想到……
在《機動戰士Z鋼彈》中作為各式各樣場面的舞台，是一艘令人印象深刻的船艦，而其首要特徵就屬會旋轉的居住區了吧。這次是拿1/1700比例EX模型的套件來製作，儘管完成後的尺寸相當小巧，但我還是努力設置了轉動機構。

■船身的修改
裝甲幾乎全面性地追加雕刻了紋路。由於動畫裡視場面而定，紋路的模式會顯得不太一樣，因此我是按照自行詮釋的分割模式來進行雕刻。在艦橋方面，儘管將窗戶給挖穿以便設置發光用的LED，卻也為兩舷的窗戶追加了防禦壁，正面窗戶則是重現了在深處設有窗框的構造。但我在充填透明樹脂時沒注意到有些小過頭的氣泡，直到試著點亮之際才發現，不禁大喊「這是什麼鬼東西啊！」，為此感到懊悔不已。

儘管設定中並不存在，但我還是試著讓彈射甲板上的導向燈能夠點亮。這部分的零件太薄，沒辦法設置光纖，於是便直接塞入晶片型LED作為發光之用。引擎為白合金製零件，按套件原樣是無從設置燈光機構的，於是我利用熱塑土搭配AB膠（環氧樹脂系膠水）複製為透明零件。在裝設冰藍色的強效LED並把噴射口遮蓋起來後，便經由塗裝避免透光。由於中央的主引擎難以複製，因此改為從零件背面削薄至極限，讓LED的光芒能從該處透射出來，這樣即可在無損於細部結構的情況下重現噴射光了。

高出力MEGA粒子砲本身是替換組裝式的零件，於是藉由將基座改為排針連接器，以重現粉紅色發射光。這部分不僅會發光，還藉由設置PIC微控制器重現以5秒為間隔會產生變化的發射光。

■讓居住區塊能旋轉
儘管船身很小巧，但還是勉強能塞進60rpm（每秒轉1圈）的齒輪箱馬達。居住區塊是以3mm黃銅管穿過，以便藉由齒輪在馬達的帶動下進行旋轉。但就算是60rpm的轉速也還是過快，為了能夠調整速度起見，我追加了馬達轉速控制電路。然而受到馬達開始轉動時需要使用到較大的電力影響，再加上設定為超低轉速，導致即便啟動了電源也不會立刻開始轉動。由於一旦開始轉動就不會停下來，因此我利用PIC微控制器追加能夠僅於1/100秒內直接對馬達輸入5V的啟動電路。這樣一來總算能如願以償讓居住區塊轉動了，但遷就於支柱並非穿過正中央的問題，在重量平衡改變時還是會出現些許猛然轉動的情況，這點也令我頗為感到懊悔。

儘管有著諸多失敗和值得反省之處，但終究還是實現了讓居住區塊能夠轉動的想法，況且也設置了燈光機構，因此整體看起來還是十分有意思呢。

どろぼうひげ
在各模型雜誌上發表燈光機構作品的燈光機構魔術師。作者本人編撰的燈光機構模型製作指南書籍已確定將會推出第3本。

BELONGING: TITANS   MODEL NUMBER: PMX-003   MODEL NAME: THE-O

042

U.C.0088
殖民地雷射砲的威脅

在接連失去賈米特夫．海曼和巴斯克．歐姆後，迪坦斯改由帕普提瑪斯．西羅克來領導。為了免於遭到幽谷動用殖民地雷射砲進行攻擊，西羅克用位於THE-O頭頂的多功能投光器向友軍艦隊傳遞燈光信號。注意到該信號後，在明白輸出功率仍不夠充足的情況下，布萊特．諾亞還是決定下令讓殖民地雷射砲開火射擊。

由從木星歸來的天才打造
格里普斯戰役的最強MS

BANDAI SPIRITS 1/100 scale plastic kit
"Master Grade"

PMX-003 THE-O

modeled&described by Kei☆TADANO

以營造出電影版中的厚重感為目標徹底修改

「從木星歸來的男子」帕普提瑪斯．西羅克在木星資源開採船朱比特里斯號艦內工廠研發、建造了被稱為「PMX系列」的特製MS群。以梅薩拉為首，包含帕拉斯．雅典娜、波利諾克．沙曼在內的MS均為單一特製機體，而且也均以具備高超性能為傲。尤其是作為西羅克最後座機的THE-O備有高輸出功率發電機，因此即便有著頭頂高度達到24.8m的龐大身軀，卻足以發揮出和Z鋼彈同等的靈敏性，更是一架搭載了生化感測器的新人類專用機。可說是與作為天才西羅克座機十分相配的格里普斯戰役最強機體之一。

這件範例為了盡可能地融入THE-O在電影版中所展現的形象，因此以下半身為中心對MG套件施加了大幅度修改，進而造就更具力量感的重MS面貌。

PMX-003 THE-O
BANDAI SPIRITS
1/100比例 塑膠套件
"MG"

製作・文／只野☆慶

BELONGING: TITANS

MODEL NUMBER: PMX-003

MODEL NAME: THE-O

PMX-003 THE-O

BANDAI SPIRITS
1/100比例 塑膠套件
"MG"
製作・文／只野☆慶

▶MG THE-O是在2010年8月問世的套件。除了在厚重外形上設計得比頗受好評的HG THE-O更為進步之外，還有著附屬了面板裝飾用貼紙等充滿企圖心的嘗試。範例中不僅將前裙甲大幅度延長，還在對各部位進行調整的襯托下，成功地營造出更為沉穩厚重且威風的形象。

BELONGING: TITANS　　MODEL NUMBER: PMX-003　　MODEL NAME: THE-O

U.C.0088
在殖民地雷射砲中

為了阻止已將迪坦斯艦隊納入射程中的殖民地雷射砲開火發射，西羅克潛入了殖民地雷射砲（格里普斯2）的內部。百式、丘貝雷也各自緊追在後。然而百式原本就已受創，敵不過THE-O的強大威力，偏偏丘貝雷也在此時介入戰鬥，導致情勢對百式來說極為不利。

機動戰士之殘彈 MS技發展沿革 U.C.0087-0088

▲駕駛艙位於胸部。艙蓋屬於先往前滑移再分別向上下兩側掀開的傳統式開闔機構。範例中將整個開闔機構調整成往內移約1mm，使艙蓋能更進一步地密合在身體上，更在胸部裝甲上削出可容納艙蓋左右兩側的缺口，藉此營造出整體感。另外，駕駛艙座席上也讓西羅克模型就坐。從西羅克從不穿戴駕駛服和頭盔的作風可以窺見他多麼具有自信。

▶套件中亦附有西羅克的站姿模型，這部分當然也仔細地分色塗裝完成。

前裙甲

標準的兵裝與隱藏臂

THE-O的兵裝僅有光束步槍和光束劍，相當地簡潔。不過前裙甲處備有隱藏臂（輔助機械手），甚至能用來自由自在地操作掛載於腰際的光束劍，可說是具備了格里普斯戰役中前所未見的嶄新創意。

光束劍

▼▶光束劍在側裙甲上掛載有2柄，左右共計4柄。在運用隱藏臂的狀況下，最多可以同時使用4柄。光束步槍在看起來宛如火箭砲般的長槍管型，能量彈匣則是裝設在握把底下。

武裝

隱藏臂

▲前裙甲的隱藏臂備有能量供給機構，得以運用光束劍。有時能藉此在近身戰中發動突襲。

PMX-003 THE-O

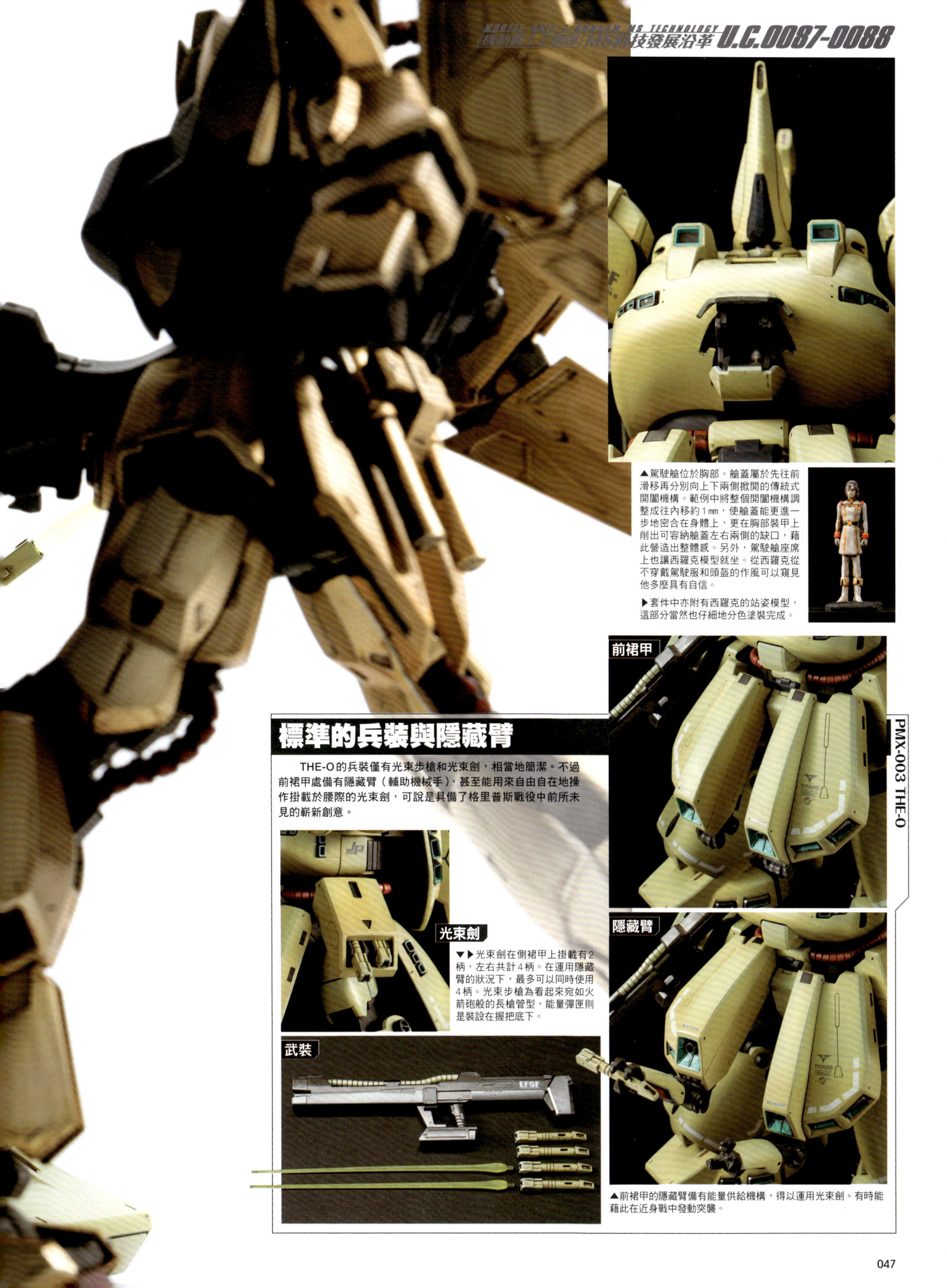

047

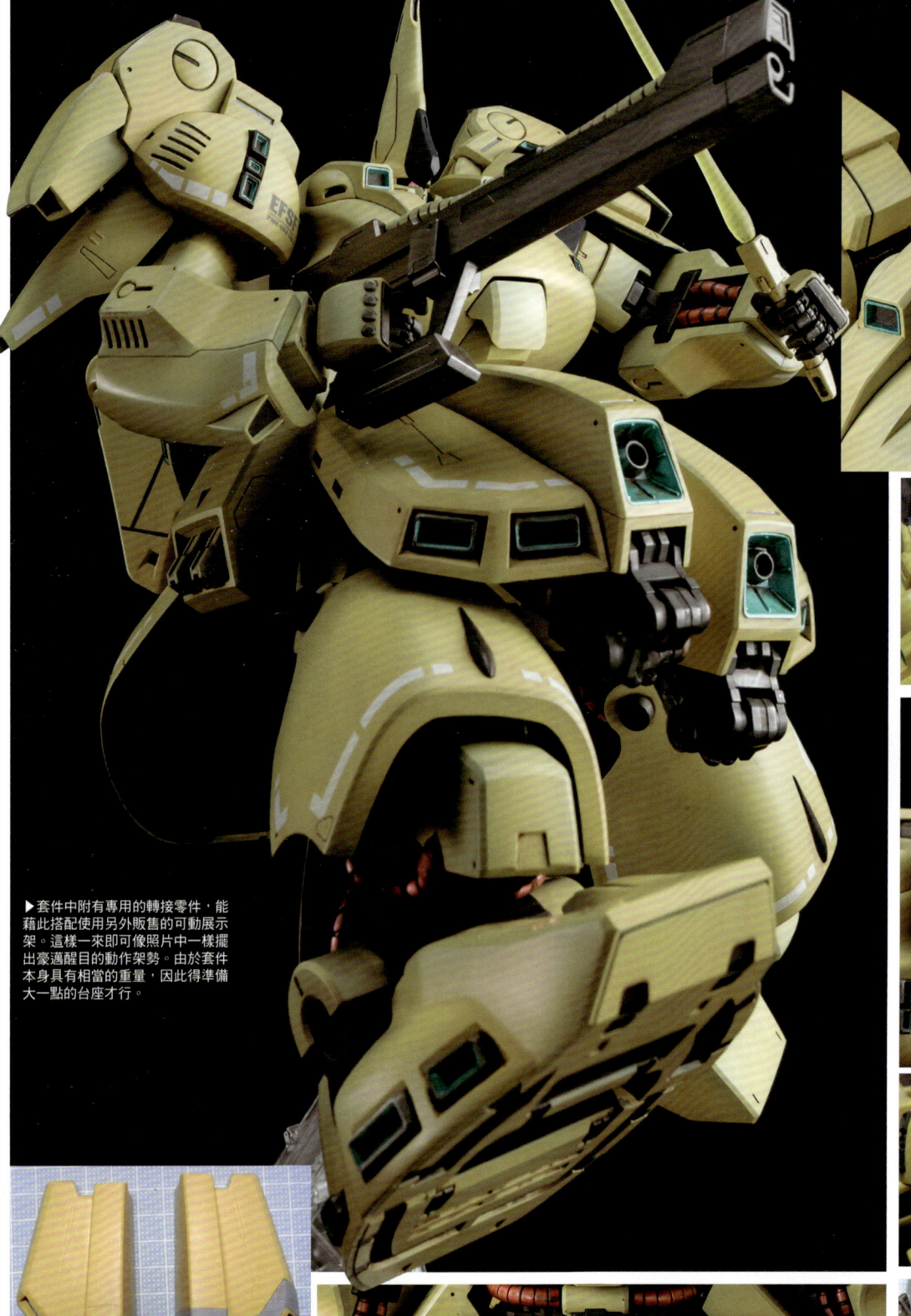

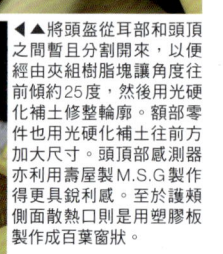

BELONGING: TITANS
MODEL NUMBER: PMX-003
MODEL NAME: THE-O

▶套件中附有專用的轉接零件，能藉此搭配使用另外販售的可動展示架。這樣一來即可像照片中一樣擺出豪邁醒目的動作架勢。由於套件本身具有相當的重量，因此得準備大一點的台座才行。

◀▲將頭盔從耳部和頭頂之間暫且分割開來，以便經由夾組樹脂塊讓角度往前傾約25度，然後用光硬化補土修整輪廓。額部零件也用光硬化補土往前方加大尺寸。頭頂部感測器亦利用壽屋製M.S.G製作得更具銳利感。至於護頰側面散熱口則是用塑膠板製作成百葉窗狀。

◀肩甲處推進器外罩用塑膠材料搭配剩餘零件延長了約10mm。

▲▶將前裙甲從中分割開來並延長10mm。腰部中央裝甲則是調整成往前凸出，而且還前傾約20度的位置後，再重新固定住。

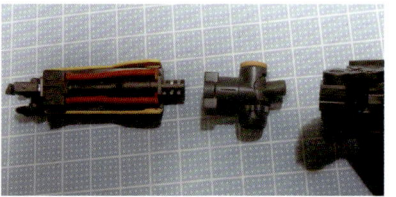

▲為了提高腳掌的貼地性，因此將腿部骨架會卡住腳踝活動範圍的部分給削掉。

▲隱藏臂利用了MG G裝甲戰機的零件、塑膠管、軟膠零件等材料增設了可動部位並加以延長。

048

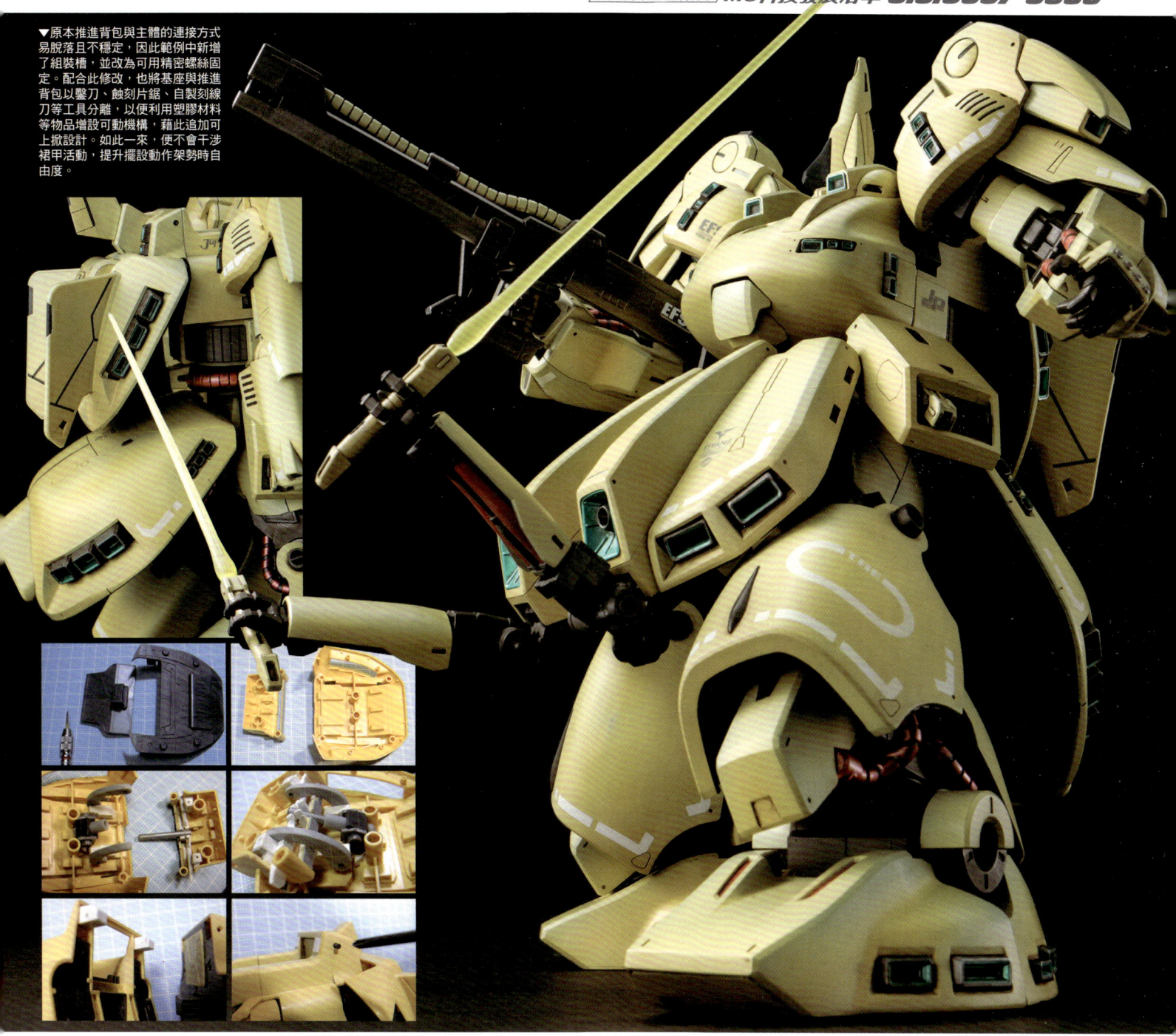

MOBILE SUIT Z GUNDAM MS TECHNOLOGY 機動戰士Z鋼彈 MS科技發展沿革 U.C.0087-0088

▼原本推進背包與主體的連接方式易脫落且不穩定，因此範例中新增了組裝槽，並改為可用精密螺絲固定。配合此修改，也將基座與推進背包以鑿刀、蝕刻片鋸、自製刻線刀等工具分離，以便利用塑膠材料等物品增設可動機構，藉此追加可上掀設計。如此一來，便不會干涉裙甲活動，提升擺設動作架勢時自由度。

■從木星歸來的男子

地球聯邦政府旗下木星資源開採船朱比特里斯號負責人帕普提瑪斯・西羅克在艦內工廠研發出的試作MS被賦予了「P＝帕普提瑪斯」這個代號，作為他自身的專用機，PMX-003 THE-O除了搭載獨自研發出的生化感測器之外，還擁有多達50具推進器所賦予的高機動性，可說是一架在設計概念上較近似於MA的機體。

THE-O的MG套件是在2010年時問世，算起來已經是十多年前的事情了，著眼於把在電影版中翻新的形象融入其中，我決定試著多方進行修改。目標是重現電影版中「帕普提瑪斯・西羅克上校」的THE-O。

■修改部位

雖然背面相當於推進背包的部位（噴射推進器複合模組）為固定式構造，但考量到機動性和擺設姿勢時的自由度，範例中乾脆將這個部分給分割開來。在經過幾次嘗試後，決定採用搖臂搭配促動器的方式來製作上掀機構。後裙甲則是先將可動基座給分割開來，再反向黏合固定住，讓這個組件能上掀至水平位置，並藉此讓三角形的主推進器可以朝向後方。

前裙甲整體延長了10mm，這樣一來在造型上會呈現重心往下偏的模樣，進而營造出穩定感。隱藏臂也藉由增設關節並加以延長來擴大可動範圍。腰部中央裝甲亦調整為往前凸出，同時還前傾約20度的位置。至於腰際動力管則是全都黏合固定住，左右兩側的後方末端還多設置了半截環節，確保能不留縫隙地連接起來。

就整體輪廓來看，讓頭部呈現稍微往前傾的模樣顯然會比較帥氣，因此便暫且分割開來，以便修改成往前傾約25度的模樣並修整輪廓。肩部中型推進器上方上方的平衡護甲也延長了約10mm，藉此兼顧機能面和造型上的穩定感。

■塗裝

雖然從成形色和包裝盒的完成照片來看，這架機體為鮮明的淺黃色，但範例中為了減低鮮明的程度，因此改用鴨蛋綠為基礎來調色。
機體色＝鴨蛋綠＋白色＋卡其率（8：2：少許）
機體色（深）＝機體色＋棕色少許

由於各零件的每個面都很寬廣，因此藉由細膩的光影塗裝來賦予變化。並用Mr. 舊化漆的黃色施加濾化以調整色澤。機身標誌只使用了套件中附屬的「鋼彈轉印貼紙」。畢竟灰色標誌搭配白色線條的設計感很不錯，再加上易於與經過改造的部位融為一體，所以也就這麼使用了。為了能充分欣賞機體本身的設計，這次並未黏貼任何警告類的標誌。

只野☆慶
以經手各種造形、設計，以及模型製作為業。格外擅長40歲～50歲玩家群取向的作品。在造形和塗裝的表現也相當多元，亦以舊化手法著稱。

BELONGING : TITANS
MODEL NUMBER : PMX-000
MODEL NAME : MESSALA

西羅克製造的最初期可變MA

BANDAI SPIRITS 1/144 scale plastic kit
"High Grade UNIVERSAL CENTURY"

PMX-000 MESSALA

modeled & described by Blondy51

藉由添加細部修飾
進一步營造出巨大感

　　梅薩拉乃是天才帕普提瑪斯・西羅克在朱比特里斯號艦內工廠最初研發出的可變MA。除了具備設想於木星這種高重力環境運用所需的大推力之外，還備有MEGA粒子砲、臂部飛彈莢艙、臂部榴彈發射器&鉤爪等武裝，有著頗具攻擊性的一面。範例中在維持原本就設計得相當不錯的外形之餘，為了凸顯出這架機體具備全高30 m的龐大身軀，因此在全身各處追加細部結構作為襯托。亦仔細地進行填補凹槽等作業，力求讓整體能達到無從挑剔的境界。

PMX-000
梅薩拉
BANDAI SPIRITS
1/144比例 塑膠套件
"HGUC"
製作・文／Blondy51

MOBILE SUIT Z GUNDAM TECHNOLOGY U.C.0087-0088
機動戰士Z鋼彈 MS的發展沿革 U.C.0087-0088

◀梅薩拉在設定中的全高為30m，在格里普斯戰役中是除了腦波傳導型鋼彈以外尺寸最大的機體。為了凸顯出它的龐大，範例中以各個面較寬廣的部位為中心追加細部結構（紋路）。

051

BELONGING: TITANS
MODEL NUMBER: PMX-000
MODEL NAME: MESSALA

PMX-000 梅薩拉

受惠於擁有豐富火器而具備的高度攻擊力

梅薩拉是一架在MS、MA這兩種形態下都具備高度攻擊力的機體。尤其是擅長發揮推力施展一擊遠颺戰法，在戰場上曾數度使用過先高速逼近敵機，再於0.5秒的極短時間內變形為MS形態，藉此打近身戰的戰法。

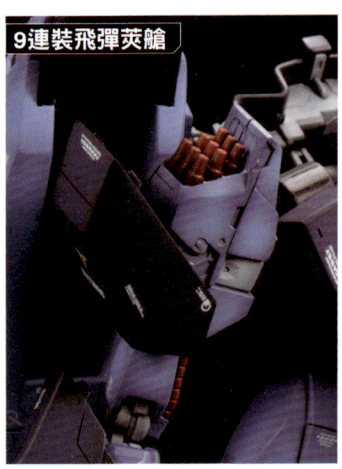

MEGA粒子砲
▲MEGA粒子砲具有一砲擊沉薩拉米斯改的威力。主要是在MA形態時使用，但MS形態也有留下使用過這門武器的記錄。

9連裝飛彈莢艙
▲設置於雙肩處的飛彈莢艙在前端搭載有尋標器，因此能在某種程度上導向追蹤目標。

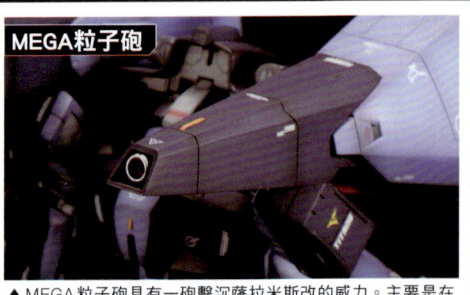

臂部鉤爪
▲在前臂的武器櫃中備有收納式鉤爪，該處的側面設有火神砲，鉤爪中央更是設有榴彈發射器。與前臂之間則是收納著光束軍刀。

▲與HG鋼彈Mk-Ⅱ（製作／廣瀨龍治）的合照。包含推進器兼MEGA粒子砲區塊在內的全高為30.3m，頭頂高也達到23.0m，與高度18.5m的HG鋼彈Mk-Ⅱ一比較，兩者的體格差距可說是一目了然。

光束軍刀
▲前臂處武器櫃所收納的光束軍刀為伸縮式設計，備有柄部在使用時才會伸長。

052

MOBILE SUIT Z GUNDAM MS TECHNOLOGY 機動戰士Z鋼彈 MS科技發展沿革 U.C.0087-0088

▲因為變形時只要將臂部收納進大型推進器底部，並且將腿部往後方抬起即可，所以由MS變形為MA的時間僅需0.5秒左右。另外，MA形態時可將推進器全部筆直地朝向後方，據說在這個形態下的推力可達20萬kg之多。

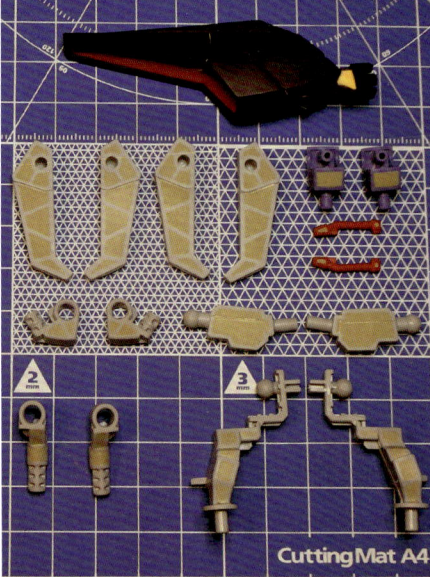

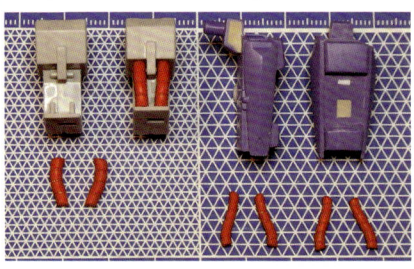

◀將前臂的凹槽用補土搭配塑膠板填平，原本連為一體的動力管則是分割開來，以便經由削掉多餘部分修改成各自獨立的模樣。

▲胸部內側也用塑膠板填平。

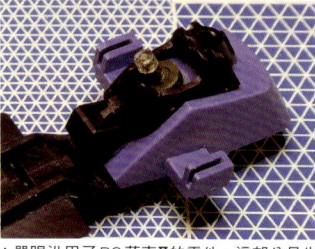

▲單眼沿用了RG薩克Ⅱ的零件。這部分是先將套件原有的單眼給挖穿，再經由移植球形關節製作成可動式。

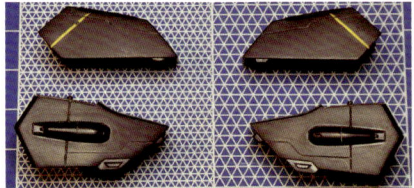

▲將肩甲和前臂武器櫃的一部分紋路填平，再重新雕刻出原創紋路。

▲手掌張開的指間有著蹼狀結構，將手指分割開來添加細部修飾。握拳狀則是暫且將拇指分割，加工成有那麼一回事的造型再重新黏合，藉此讓整體能更具立體感。

▲將臂部鉤爪內側的凹槽用補土搭配剩餘零件填平。

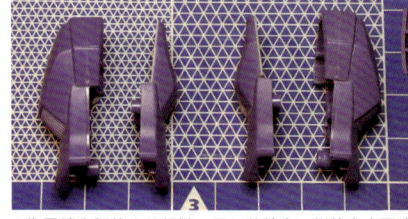

▲為了讓大腿能分件組裝，因此將其中一側的中央區塊分割開來，改為黏合到另一側去。

▲將腳部鉤爪和骨架等處的凹槽用AB補土、保麗補土仔細填平。

■墜落吧！大蚊子!!
這次我要擔綱製作的範例，正是與西羅克這句知名台詞一同讓人留下深刻印象的「梅薩拉」。話說這次幾乎是直接按照套件原樣製作完成，不過當然也有把凹槽部位給填平，以及為原本欠缺細部結構而顯得單調了點的地方追加刻線。

■製作
將單眼經由沿用RG薩克Ⅱ的零件修改為透明零件形式。梅薩拉的單眼尺寸出乎意料地小，沿用前述零件搭配起來則是剛剛好。這部分要先將原零件上的單眼細部結構連同活動範圍一起挖穿，然後在基座上設置市售的球形關節，使單眼部位能夠活動。為了便於取下單眼調整角度，因此頭頂零件也改用釹磁鐵來固定。

為胸部零件的表面追加刻線，呈現空心狀的內側也用塑膠板填平。臂部與膝蓋處動力管原本是一體成形的零件，範例中將它們都分割開來，更為臂部裝甲等處追加了刻線。為了讓腿部零件能夠分件組裝，因此僅針對需要做無縫處理的部位進行分割加工。至於鉤爪和關節零件等處的凹槽則是用AB補土之類材料填平。

由於張開狀手掌的各指之間有著蹼狀結構，令人頗為在意，因此將拇指以外的手指都暫且分割開來，再重新黏合固定回去。握拳狀的則是將拇指分割開來，並且將欠缺的部分用AB補土來修整形狀。

■塗裝
幾乎完全按照設定中的配色來塗裝，而且還為整體施加了光影塗裝。
主體紫＝CB18薰衣草色＋AT04紫灰色
主體深藍＝CB16暗紫色
關節等處＝072中間灰Ⅱ
噴射口內側紅＝038基礎金屬紅

水貼紙取自鋼彈水貼紙和HJ模型玩家水貼紙等多款產品。最後是用Ex-特製半光澤透明漆噴塗覆蓋整體，藉此整合為半光澤質感。

■總結
這次接到範例委託的時間點，我恰巧正在重看《Z鋼彈》。在睽違已久後重看TV版和新詮釋電影版後，我這才注意到原來新型MS是接二連三登場的，也重新感受到在《Z鋼彈》中登場的每一種MS都是魅力十足……讓我不禁想要把模型全部買齊呢！

Blondy 51
在HOBBY JAPAN月刊上以女神裝置的範例出道後，便沒沒了地製作《新櫻花大戰》的模型。這份實力獲得賞識，因此也在本期刊上出道。

BELONGING: TITANS
MODEL NUMBER: PMX-001
MODEL NAME: PALACE-ATHENE

U.C.0088 在阿克西斯的衝撞當中

在幽谷與迪坦斯於色當之門爆發的攻防戰中，蕾柯亞奉西羅克之命執行收集數據的任務。儘管剛與蕾柯亞以敵人身分重逢時令卡密兒感到困惑不已，但為了獲知她真正的想法，他決定對帕拉斯・雅典娜發動攻擊。在因為阿克西斯撞上色當之門而陷入一片混亂的戰場上，帕拉斯・雅典娜與Z鋼彈展開了激烈交鋒。

戰場的女神

BANDAI SPIRITS 1/144 scale plastic kit
"High Grade UNIVERSAL CENTURY"

PMX-001 PALACE-ATHENE

modeled & described by Hiroyuki NODA

藉由追加唐草紋飾和細部修飾營造出更為高貴的形象

帕拉斯・雅典娜是帕普提瑪斯・西羅克與THE-O、波利諾克・沙曼、梅薩拉共同研發的特製MS。與負責支援與偵察任務的波利諾克・沙曼相比，帕拉斯・雅典娜定位更具攻擊性，搭載多樣選配武裝的中程重攻擊能力。其後由轉投西羅克陣營的蕾柯亞駕駛，曾與卡密兒的Z鋼彈與艾瑪的鋼彈Mk-Ⅱ交戰。

範例在維持原套件優美造型下，增添細部修飾並於外裝刻上唐草紋，展現「女戰神」之名所象徵的高貴與美麗。

PMX-001
帕拉斯・雅典娜
BANDAI SPIRITS
1/144比例 塑膠套件
"HGUC"
製作・文／野田啓之

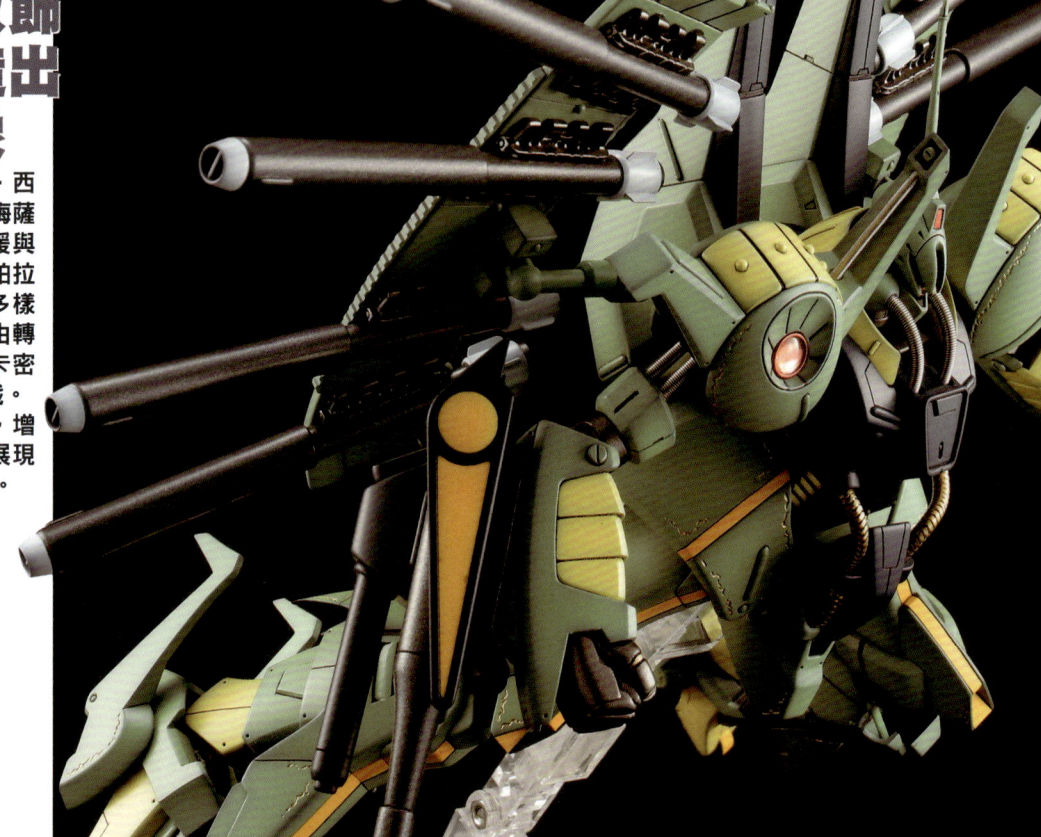

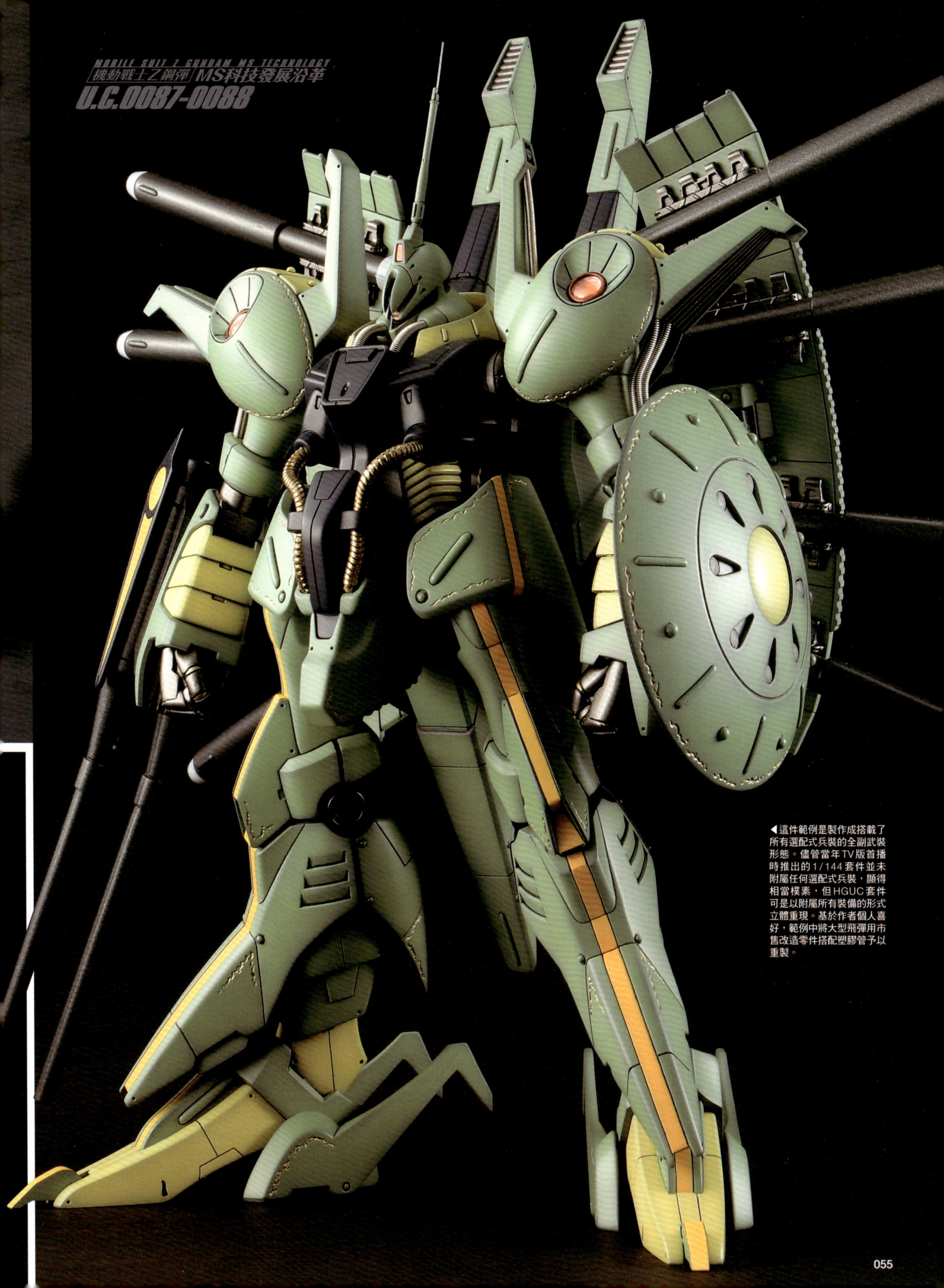

MOBILE SUIT Z GUNDAM MS TECHNOLOGY
機動戰士Z鋼彈 | MS科技發展沿革
U.C.0087-0088

◀這件範例是製作成搭載了所有選配式兵裝的全副武裝形態。儘管當年TV版首播時推出的1/144套件並未附屬任何選配式兵裝，顯得相當樸素，但HGUC套件可是以附屬所有裝備的形式立體重現。基於作者個人喜好，範例中將大型飛彈用市售改造零件搭配塑膠管予以重製。

055

BELONGING : TITANS
MODEL NUMBER : PMX-001
MODEL NAME : PALACE-ATHENE

▶在中程攻擊用裝備居多的武裝之中，有著形狀與YMS-15吉昂用護盾相近的小型飛彈搭載型護盾，包含該護盾內側所配備的光束軍刀，以及腳部鉤爪等武裝在內，帕拉斯·雅典娜其實亦備有足以對應近身戰需求的武裝。

能藉由選配式武裝對應各種戰況

受惠於備有外裝式的選配式兵裝系統，帕拉斯·雅典娜具備了足以對應各種戰況的設計。

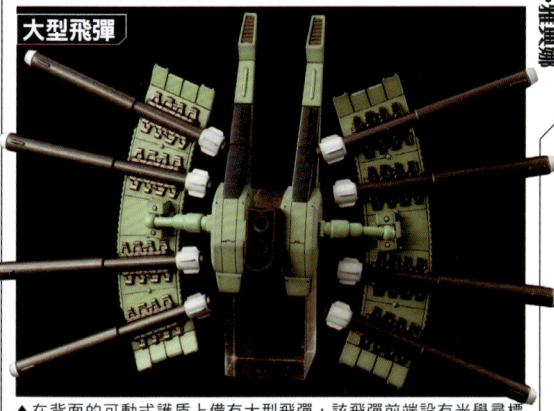

大型飛彈

▲在背面的可動式護盾上備有大型飛彈，該飛彈前端設有光學尋標器，因此具備能辨識攻擊對象並導向追蹤的能力。

武裝

▶在2連裝光束槍上備有槍榴彈發射器。護盾則是搭載了小型飛彈，而且內側還備有2柄光束軍刀。

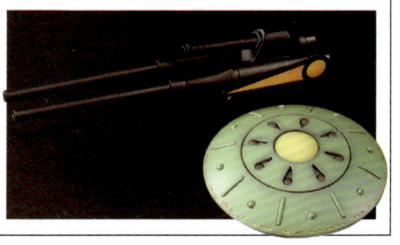

PMX-001 帕拉斯·雅典娜

▲將頭部天線改用製作家零件HD搭配0.3mm鋼琴線重製。單眼也換成WAVE製H·眼，至於動力管則是換成WAVE製1.5mm彈簧管。

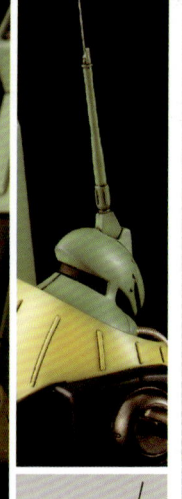

▲將身體利用塑膠板和市售改造零件添加細部修飾。動力管則是換成WAVE製J·鏈條。

056

MOBILE SUIT Z GUNDAM MS TECHNOLOGY
機動戰士Z鋼彈 MS科技發展沿革 U.C.0087-0088

▲將肩甲分割線集中於一側，便於無縫處理。挖穿圓形感測器部分，背面覆蓋塑膠板，完成後黏上透明零件。前臂黃色零件沿刻線分割，削出高低差後再黏合。

▲腰部後側推進器是在邊緣削出缺口以賦予變化。散熱口則是藉由黏貼市售改造零件添加細部修飾。

▲在腿部方面，將大腿處側裙甲改用屬於球形關節的關節來連接。格鬥戰用鉤爪則是將凹槽用補土填平，並且將連接軸換成3mm塑膠棒。另外，為腳尖黏貼塑膠板，藉此讓腳邊這一帶能顯得更銳利。

▲將股關節換成Yellow Submarine製關節技（樹脂製），藉此減少磨損。除此之外，為了讓腿部張開的幅度能夠更大，更對大腿後側進行削磨調整。

▲將2連裝光束槍的槍榴彈發射器改用塑膠管重製，後側更黏貼了市售的散熱口零件，作為細部修飾。

■前言

這款套件是將近20年前問世的，確實有點時日了，但即便與現今的套件相較也毫不遜色，還相當易於組裝（反過來說，這個時期的套件架構顯然對塗裝派玩家來說比較友善），就連外形也無從挑剔呢！整體給我的印象就是如此。這款套件就算直接製作完成，肯定也能呈現美觀耐看的成果，但為了使整體能更具魅力，範例中會為各處添加細部修飾。不僅如此，更會進行修改若干部位的形狀等加工，以求營造出在優美中帶有力量感的整體造型。

■製作

詳請參考製作途中照片與圖說，在此僅以未能提及到的部分為中心進行說明。

為掛載在背後的可動式護盾將軸棒分割開來，以便改用3mm圓形塑膠棒重製。使該裝備能往前後左右轉動。為了能讓護盾本身的外緣能有所變化，因此先黏貼evergreen製塑膠板，再削出缺口。在試著找尋有什麼零件能作為固定8枚大型飛彈的掛架後，發現戰車的履帶很適合，於是便裝設了這類零件。飛彈本身也全都用evergreen製直徑6mm塑膠管搭配TAMIYA製5mm塑膠管重製，彈頭部位裝設了壽屋製細部修飾零件，噴射口處也組裝上類似飛彈尾翼的零件。另外，上臂處動力管則是換成直徑2mm的WAVE製彈簧管。

基於我個人認為帕拉斯·雅典娜＝女王的觀點，於是針對格鬥戰用鉤爪重點部位用球狀刀頭雕刻出唐草紋飾。

■塗裝

儘管相當煩惱屬於機體本身形象的美感，以及屬於重MS的厚重感該如何表現才好，但後來發現包含唐草紋飾在內的細部結構也能在一定程度上表現出細膩感，因此便和以往一樣採用黑底塗裝法來呈現。話說從動畫中來看，主體綠應該是發色效果更好的綠色才對，但這次刻意選用了較為沉穩的色調。

主體等處＝鋼彈專用漆綠色（4）
胸部等處＝鋼彈專用漆藍色（14）
襟領、腹部、腳部等處＝gaiacolor陽光黃＋白色
噴射口＝基礎金屬紅（gaiacolor）
關節、武器等處＝槍鐵色（gaiacolor）
腿部中央線條＝黃橙色＋黃色

野田啓之
可說是HOBBY JAPAN月刊一大支柱的資深模型師。擅長塗裝《星際大戰》系列各式機具。

057

BELONGING: TITANS
MODEL NUMBER: PMX-002
MODEL NAME: BOLINOAK-SAMMAHN

西羅克研發的偵察用MS

1/100 scale scratch built
PMX-002 BOLINOAK-SAMMAHN
modeled&described by Keita YAGYU

運用數位建模方式自製1/100波利諾克‧沙曼

波利諾克‧沙曼為帕普提瑪斯‧西羅克所研發的偵察用MS，不僅備有大型推進背包，還擁有設置了鉗夾的護盾、雷達碟型頭部等裝備，整體輪廓與其他格里普斯戰役時期的MS可說是大相逕庭。這架機體在故事中是由莎拉‧薩比亞羅夫搭乘，與卡密兒駕駛的Z鋼彈有過一番激烈交戰。配合本期特輯的題材，在此要由柳生圭太採用1/100比例自製模型形式來呈現這架尚未推出鋼彈模型的機體。儘管柳生先生過去曾為B-CLUB經手製作樹脂套件的原型，但這次是運用他擅長的數位建模技術來自製立體作品。包含基於個人興趣製作的在內，這是他做的第3件波利諾克‧沙曼了，還請各位仔細欣賞品味。

（譯注：波利諾克‧沙曼已於2024年11月推出HGUC套件）

MOBILE SUIT Z GUNDAM MS TECHNOLOGY 機動戰士Z鋼彈 MS科技發展沿革 U.C.0087-0088

PMX-002 波利諾克・沙曼

1/100比例 自製模型

製作・文／**柳生圭太**

▶這件範例是以介於柳生先生過去擔綱製作原型的B-CLUB樹脂套件，以及ROBOT魂（Ka signature）之間的形象重新詮釋而成。在沿襲設定圖稿中的模樣之餘，亦力求呈現就算與其他MG套件並列陳設也能毫無不協調感的整體輪廓。

059

著眼於對MS近身戰所設置的兵裝

本機體原先是基於偵察用途而研發的,也就未配備攜帶式火器,僅以備有光束槍兼光束軍刀和鉗夾的護盾作為主武裝。另外,考量到強行偵察的需求,因此配備了具有高輸出功率的大型推進背包。

▶與Z鋼彈交戰時使用過的實體彈在左右兩側各內藏有3枚。

炸裂彈發射器

專用護盾

大型推進背包

▲由於備有3具大型主推進器和側面噴射口及輔助噴射口,因此包含高速移動在內,得以發揮高度機動力。在莎拉本身能力的相輔相成下足以和Z鋼彈相抗衡。

▲由於大型推進背包頗具重量,因此腳踝、膝蓋、股關節在設計上均將能充分負荷住重量的需求納入考量。

PMX-002 波利諾克·沙曼

▶鉗夾部位在進行格鬥戰時能夠以巨大鉤爪形式派上用場。亦出現過直接作為光束槍使用的場面。其中央內藏有光束軍刀,而且還可抽出來供左手持拿使用。

060

MOBILE SUIT Z GUNDAM MS TECHNOLOGY U.C.0087-0088
機動戰士Z鋼彈　MS科技發展沿革

▲將單眼區塊製作成獨立的零件。儘管範圍有限，但單眼還是能左右轉動。

◀與同比例的Z鋼彈合照（製作／NAOKI）。兩者的全高在設定中幾乎相同，但範例還是顯得稍微大一點。畢竟包含各部位的尺寸在內，範例有刻意製作得較具分量感。

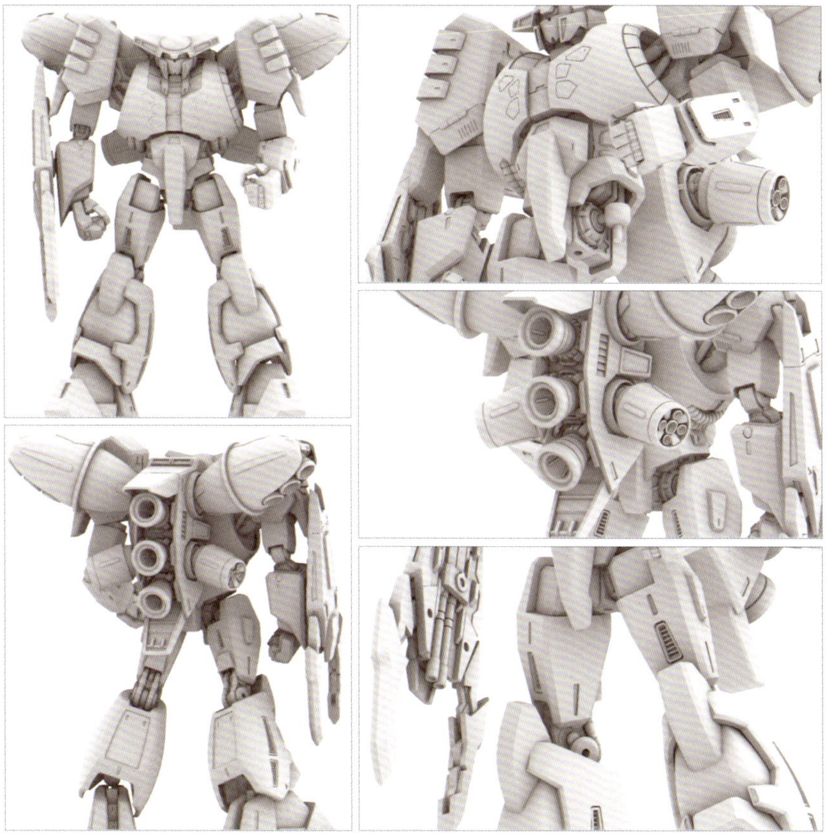

▶這是經由CG算繪做出的製作圖面。可以看出除了各部位形狀之外，就連關節部位也設計得相當細膩。

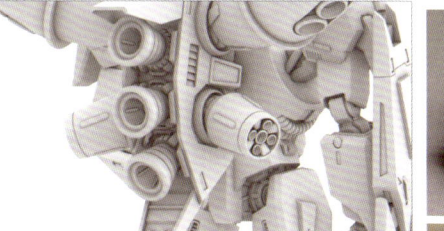

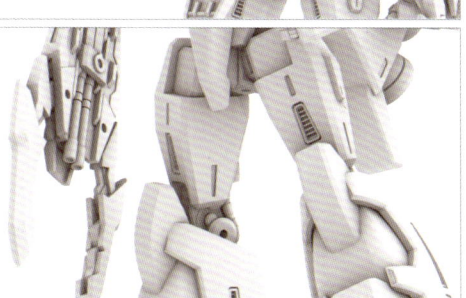

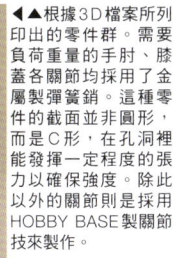

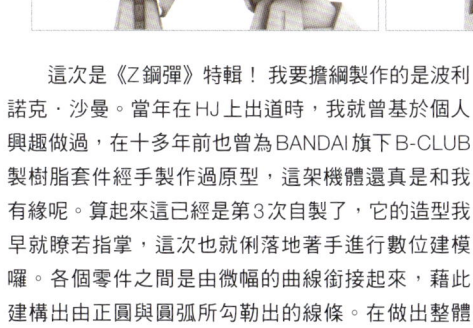

◀▲根據3D檔案所列印出的零件群。需要負荷重量的手肘、膝蓋各關節均採用了金屬製彈簧銷。這種零件的截面並非圓形，而是C形，在孔洞裡能發揮一定程度的張力以確保強度。除此以外的關節則是採用HOBBY BASE製關節技來製作。

　這次是《Z鋼彈》特輯！我要擔綱製作的是波利諾克‧沙曼。當年在HJ上出道時，我就曾基於個人興趣做過，在十多年前也曾為BANDAI旗下B-CLUB製樹脂套件經手製作過原型，這架機體還真是和我有緣呢。算起來這已經是第3次自製了，它的造型我早就瞭若指掌，這次也就俐落地著手進行數位建模囉。各個零件之間是由微幅的曲線銜接起來，藉此建構出由正圓與圓弧所勾勒出的線條。在做出整體的分量和外形後，再逐一設置微微的隆起和倒角。

　這個翻新版造型是採取介於我製作過的B-CLUB原型，以及ROBOT魂（Ka signature）之間的形象重新詮釋而成。

　頭部是按照設定圖稿的形象製作得稍大一點。肘關節是以做出能分別往兩個方向彎曲90度的雙重關節為重點。考量到這架機體的尺寸頗大，有不少頗重的零件，關節部位也就採用了金屬插銷。這次選用的插銷名為彈簧銷，其截面並非圓形，而是C形，插進孔洞裡時能發揮一定的張力。除了手肘和膝蓋以外，其餘需要講究關節強度之處都是選用大尺寸的關節技球形關節。基於製作過相同機體的經驗，我判斷肩甲和小腿屬於零件容易脫落的部位，因此即使形狀較為複雜，範例中也選擇輸出列印為一體成形的零件。只要不是得分色塗裝的部位，我都會盡可能設計成單一的零件。反過來說，為了減少塗裝時的遮蓋作業，我會盡可能將配色相異的部位設計成各自獨立的零件。除了各部位的黃色結構以外，其他地方都設計成了不必遮蓋的形式。畢竟這件範例得直接塗裝在光造形的輸出列印零件表面上，這也是為了避免在剝除遮蓋材料時連帶把漆膜給撕破呢。

　格里普斯戰役時期MS的噴射口內側多半很色彩繽紛，而我也將屬於紅色的部分設計成了獨立零件。

　為了讓頭部與左臂處感測器能呈現如同電影版中的發光效果，因此選擇塗裝成金屬質感。

　這部分是先塗裝銀色作為底色，再用透明橙和透明綠施加光影塗裝，然後用透明黑噴塗覆蓋而成。

　主體色是以戴通納綠為基礎調出的3種綠色單調漆來呈現，而且還比照動畫色調得略偏黃色些。在機身標誌方面，用自製的白色水貼紙印刷出JU 002和EFSF字樣，細小的警告標誌類取自1/100 MG新安州用和HALVAL製設計機身標誌水貼紙。

　總有一天這架機體也會發售射出成形套件，我可是很期待呢！

■配色表

淺綠＝白色＋戴通納綠＋超亮黃

綠＝戴通納綠＋超亮黃

深綠＝暗綠色2＋黑色＋超亮黃

深藍＝藍色FS15044＋黑色

灰＝白色＋黑色＋綠色

柳生圭太
合同會社RAMPAGE的代表之一。不僅參與了產品研發以及原型製作，有時也會以職業模型師的身分大顯身手。

BELONGING: TITANS
MODEL NUMBER: MRX-009
MODEL NAME: PSYCHO GUNDAM

漆黑的巨人在新香港現身

BANDAI SPIRITS 1/144 scale plastic kit
"High Grade UNIVERSAL CENTURY"

MRX-009 PSYCHO GUNDAM

modeled&described by Hiroyuki NODA

U.C.0087
香港市

　　幽谷藉由奧特穆拉號撤離賈布羅後，為了尋求羅商會提供支援，因此暫且停泊在亞都地區的大都市新香港。追蹤奧特穆拉號去向的迪坦斯則是請求村雨研究所提供協助。該研究所於是派出了身為強化人的肆·村雨和新人類專用MA腦波傳導型鋼彈。這具漆黑的巨人令新香港陷入了火海中。面對憑藉壓倒性質量與攻擊力踩躪新香港街道的腦波傳導型鋼彈，卡密兒卻從它身上感受到了肆的存在。為了阻止腦波傳導型鋼彈的暴行，他決定設法說服肆……

MRX-009
腦波傳導型鋼彈
BANDAI SPIRITS
1/144比例 塑膠套件
"HGUC"
製作・文／野田啓之

MOBILE SUIT Z GUNDAM MS TECHNOLOGY **U.C.0087-0088**
機動戰士Z鋼彈／MS科技發展沿革

透過增加細小的紋路刻線和片狀細部結構來營造出巨大感

　　腦波傳導型鋼彈為地球聯邦軍旗下新人類研究所之一村雨研究所研發出的新人類專用大型可變MA。藉由搭載米諾夫斯基推進器而得以在重力環境下飛行，還配備有3門擴散MEGA粒子砲和12門光束砲，造就了在MS形態時全高超過40m的龐大身軀。這件範例使用的套件儘管為1/144比例，卻也以具備全高28cm的龐大尺寸為傲，在此也特別交由擅長《星際大戰》等科幻題材的野田啓之來擔綱製作。他利用細小的紋路刻線和片狀細部結構，以及機械狀的剩餘零件巧妙地添加修飾，成功地進一步營造出了巨大感。

BELONGING: TITANS
MODEL NUMBER: MRX-009
MODEL NAME: PSYCHO GUNDAM

MRX-009
腦波傳導型鋼彈

BANDAI SPIRITS
1/144比例 塑膠套件
"HGUC"
製作・文／**野田啓之**

▲這是能藉由米諾夫斯基推進器穩定地飛行的MA形態。就算是MA形態也能使用腹部的3連裝擴散MEGA粒子砲，它也曾因為這份強大戰鬥力而被稱為機動要塞。

▶將護盾拆解為上下兩半，並且將身體與小腿的裝甲展開，接著是讓腿部骨架摺疊起來。最後是將肩部裝甲板立起，以及將頭部裝甲罩從背面翻轉至前方來蓋住頭部。

腦波傳導型鋼彈的變形程序

1 2 3

065

BELONGING: TITANS

MODEL NUMBER: MRX-009

MODEL NAME: PSYCHO GUNDAM

▲與同比例的鋼彈Mk-Ⅱ合照（製作／廣瀨龍治）。相對於在設定中全高為18.5m、主體重量33.4t的鋼彈Mk-Ⅱ，腦波傳導型鋼彈的全高為40m、主體重量214.1t。光是這等質量差距就造成了極大的戰力差。如果肆的精神狀態沒那麼不穩定，鋼彈Mk-Ⅱ根本不可能是它的對手。

U.C.0087年時以頂尖火力為傲的機動要塞

腦波傳導型鋼彈搭載了據稱輸出功率超過3萬KW的大型發動機，還備有複數的擴散MEGA粒子砲和光束砲。射控系統是藉由腦波傳導系統來進行，因此能夠直接連結駕駛員的想法以發動攻擊。

護盾

腹部

頭部

▲頭部也在額部設有2門光束砲。附帶一提，駕駛艙是設置於臉部的深處。

指部

▲每根手指都備有1門光束砲，這種設計方式令人聯想到一年戰爭時期的試作機吉翁克。所有的手指都能開火射擊，單手有5門，左右共計有10門。

▲腹部備有3連裝擴散MEGA粒子砲，在MA形態時也能發射。

▲護盾上也追加了相當密集的細部結構。內部骨架配合主體選用了較明亮的灰色I來塗裝。

MRX-009 腦波傳導型鋼彈

MOBILE SUIT Z GUNDAM MS TECHNOLOGY

機動戰士Z鋼彈 MS科技發展沿革 U.C.0087-0088

▲將額部的光束砲鑽挖得更深，並且裝入金屬零件。頭頂則是設置了0.3mm鋼琴線作為天線。

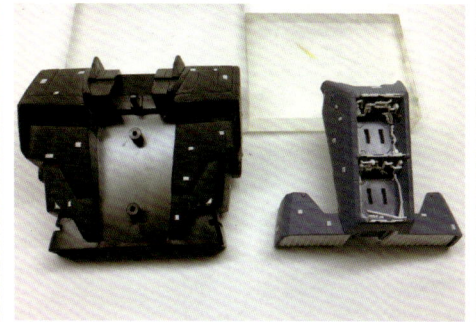

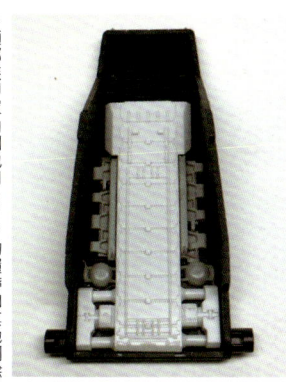

▶頭部裝甲罩內側也用AFV的履帶和其他剩餘零件裝飾得那麼一回事。這部分主要是詮釋成軌道狀的細部結構。

▲腹部3連裝擴散MEGA粒子砲利用了科幻機體系的剩餘零件添加裝飾，藉此提高密度感。

▲推進背包處黃色外罩配合紋路在邊緣削出了凹凸起伏狀的缺口。

MRX-009 PSYCHO GUNDAM
modeled & described by Hiroyuki NODA

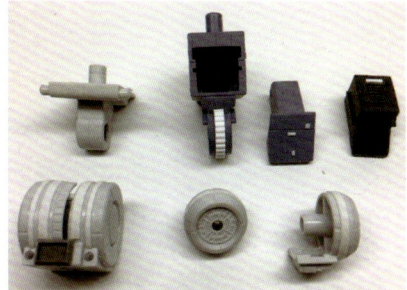

▲關節部位利用塑膠材料等物品追加了軌道狀細部結構。更藉由搭配市售改造零件與外裝零件的密度取得均衡。

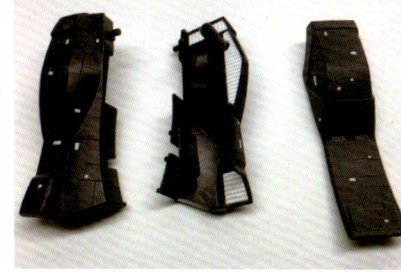

▲腿部裝甲是在內側黏貼evergreen製條紋塑膠板作為細部修飾。

COLORING DATA
整體採用黑底塗裝法來呈現，各配色基本上均如同組裝說明書所述，不過主體黑可是近乎漆黑的黑色！話雖如此，但最後還是以原有典故為參考，選擇調成稍微有點偏紫的黑色。
主體＝黑色＋紫色約20％＋純色青＋純色洋紅
腳尖等處＝亮光紅
天線＝星光黃銅色
黃＝陽光黃＋少量純色洋紅
關節＝灰色I
腹部等處＝鋼彈專用漆灰色（11）
眼部、感測器等處＝TAMIYA琺瑯漆 白色＋紅色

■前言
　　腦波傳導型鋼彈一看就令人覺得破壞力十足。由於它有一般鋼彈的2倍大，因此儘管是1/144的套件，尺寸卻足以與PG相匹敵。整體的外形相當粗獷有力，細部結構也十分精緻，幾乎無從挑剔，再加上還能如同設定般變形，就算用極為精湛的傑作套件來形容也不為過呢。這次為了能進一步發揮出此套件的魄力，我仿效鋼鐵母艦和馬克羅斯追加雕刻了無數紋路，力求往能夠營造出巨大感的方向添加細部修飾。

■製作
　　將頭部一帶的細長凸起結構暫且削掉，等完成無縫處理與整體的表面處理之後，再用evergreen製HALF ROUND 1.5mm加工重現。
　　身體的重點在於3連裝擴散MEGA粒子砲。根據說明書，這3門武器與發動機直連，因此我使用了其他套件的配管零件加以修飾，打造出複雜的機械構造，營造出高輸出感。同時，我在胸部局部開孔，塞入造型精細的機械零件。據說即使無需米諾夫斯基推進器，機體也能靠噴射口「飛行」，我便在內側加裝另一個噴射零件，讓這裡看起來更像具備著龐大的輸出功率。
　　套件原設計需先組裝手肘再夾入前臂，因此範例中改為可分件組裝，前臂內零件也同樣調整。手掌握拳時的關節外觀較令人在意，於是從根部分割，改為與手背護甲緊密相連。考量到整體有些單調，範例中替主體追加雕刻紋路，並以塑膠板與市售改件強化肩甲與手肘細節。
　　腿部的內部骨架僅將其中一部分修改成能夠分件組裝。從背面觀看小腿外裝零件時，能隱約窺見縫隙裡顯得空蕩蕩的，因此便為這類地方黏貼了evergreen製METAL SIDING。

■後記
　　剛接到製作這件範例的委託時，我率先聯想到的，就是會移動的巨大要塞，以及在電影版戰艦特寫畫面中所繪製出的無數紋路，結果腦海中浮現的竟是滅星者（笑）。儘管我為這件範例的全身各處追加雕刻了紋路，以及黏貼用0.3mm塑膠板裁切出的細小塑膠片，但一做起來就停不下來，導致我為了究竟該做到什麼程度才停手而苦惱了好幾天。等到製作完成之後，我覺得若是還有機會的話，應該在更換配色之餘，亦要施加更濃厚的星際大戰風格細部修飾＆舊化才對。

野田啓之
身為HOBBY JAPAN月刊棟梁的資深職業模型師。

067

BELONGING: TITANS
MODEL NUMBER: RX-160
MODEL NAME: BYALANT

實現了在大氣層內飛行與機動力

BANDAI SPIRITS 1/144 scale plastic kit
"High Grade UNIVERSAL CENTURY"

RX-160 BYALANT

modeled & described by Yoshitaka CHOTOKU

U.C.0088 阿波里陣亡

在阿克西斯衝撞過來之前，迪坦斯便開始從色當之門撤退，幽谷則是為了阻撓撤退行動而展開攻擊。就在傑利特駕駛拜藍緊追著卡密兒的Z鋼彈不放時，前來掩護的梅塔斯進入了射程中。然而阿波里的里克·迪亞斯挺身保護了梅塔斯，導致遭到拜藍擊墜。儘管阿克西斯撞上了色當之門，令迪坦斯遭受重大打擊，但幽谷也失去了寶貴的戰力。

以推進器為中心添加細部修飾

在地球聯邦軍著手研發能在大氣層內單獨飛行的MS後，完成的試作機正是拜藍。受惠於全身各處搭載的姿勢控制用熱核噴射引擎與主推進器，使拜藍獲得了飛行能力與機動力。但武裝的搭載量也相對地受到限制，僅備有臂部MEGA粒子砲和2柄光束軍刀這兩項。範例中以屬於拜藍特徵所在的推進器開口為中心進行改造。不僅將進氣口削挖出真正的開口，還利用塑膠板和市售改造零件添加了細部修飾。

RX-160 拜藍
BANDAI SPIRITS
1/144比例 塑膠套件
"HGUC"
製作・文／長德佳崇

068

MOBILE SUIT Z GUNDAM MS TECHNOLOGY
機動戰士Z鋼彈 MS科技發展沿革 U.C.0087-0088

069

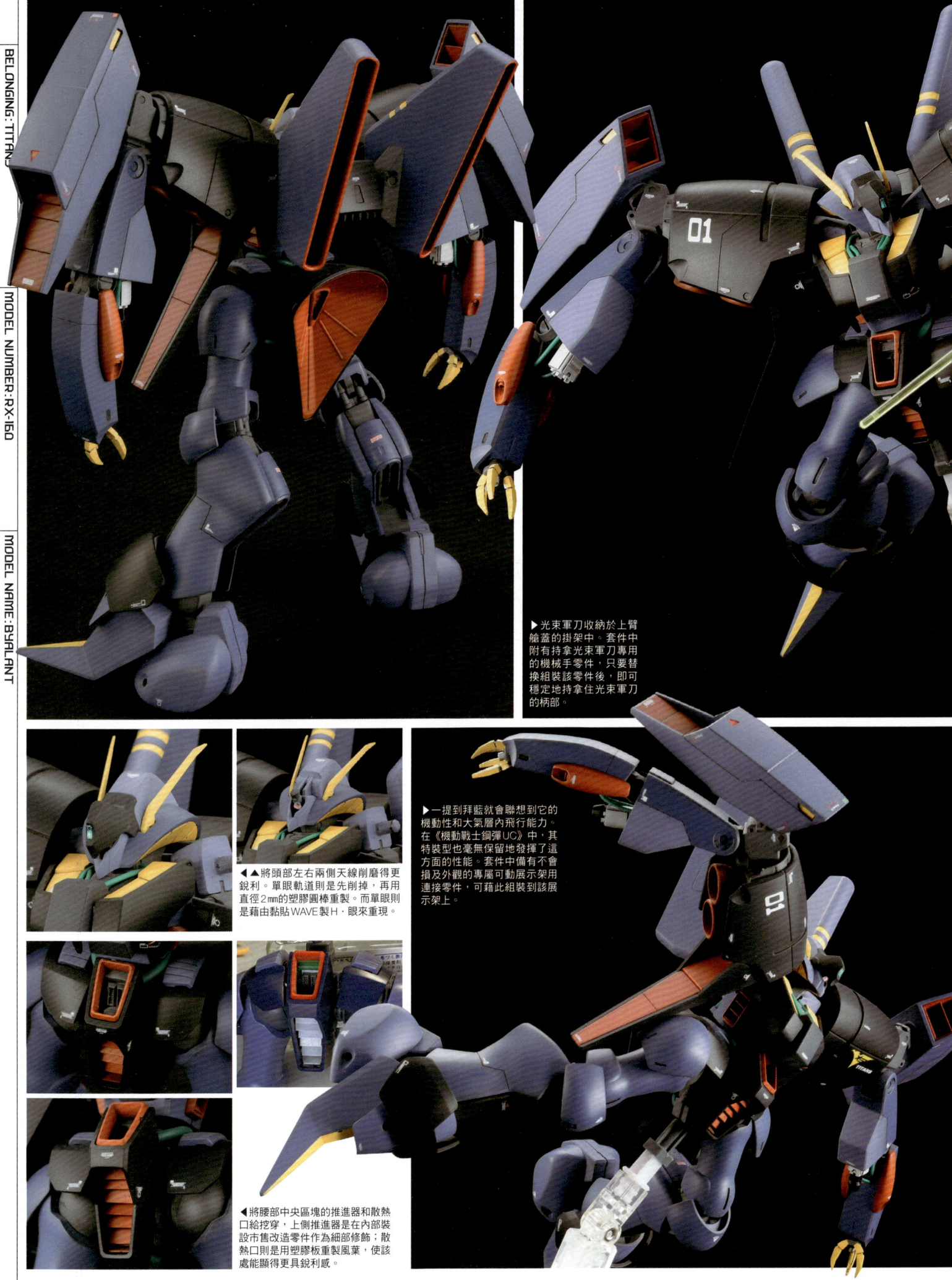

BELONGING: TITANS　MODEL NUMBER: RX-160　MODEL NAME: BYALANT

▶光束軍刀收納於上臂艙蓋的掛架中。套件中附有持拿光束軍刀專用的機械手零件，只要替換組裝該零件後，即可穩定地持拿住光束軍刀的柄部。

◀▲將頭部左右兩側天線削磨得更銳利。單眼軌道則是先削掉，再用直徑2mm的塑膠圓棒重製。而單眼則是藉由黏貼WAVE製H・眼來重現。

▶一提到拜藍就會聯想到它的機動性和大氣層內飛行能力。在《機動戰士鋼彈UC》中，其特裝型也毫無保留地發揮了這方面的性能。套件中備有不會損及外觀的專屬可動展示架用連接零件，可藉此組裝到該展示架上。

◀將腰部中央區塊的推進器和散熱口給挖穿，上側推進器是在內部裝設市售改造零件作為細部修飾；散熱口則是用塑膠板重製風葉，使該處能顯得更具銳利感。

MOBILE SUIT Z GUNDAM MS TECHNOLOGY U.C.0087-0088
機動戰士Z鋼彈 MS科技發展沿革

RX-160 拜藍

賦予飛行性能的推進器群

設置於全身各處的熱核噴射引擎對於大氣層內飛行性能一事可說是厥功甚偉。另外，基於發動機和輕量化方面的考量，因此僅止於配備最低限度的武裝，這也使得中長程武裝只有臂部的MEGA粒子砲而已。

推進器

姿勢控制用熱核噴射引擎

MEGA粒子砲

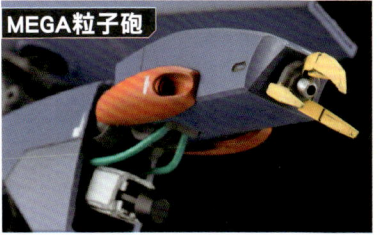

▲臂部備有MEGA粒子砲。雖然輸出功率比攜帶式的光束步槍高，但攻擊力稱不上特別值得一提。

◀▲雙腿間和背面均有搭載熱核噴射引擎。腋下、臀部，以及腰部區塊也備有推進器。

▶由於肩部原有的引擎開口部位過淺，因此將該處挖穿，再用補土等材料填墊，營造出深度。

◀▼在臂部方面，將上臂處軍刀掛架藉由用塑膠板組成箱形的方式重製。由於在內部設置了軟膠零件，因此多少能像設定中一樣擺動。至於動力管則是和其他部位一樣全都換成膠皮電線。

◀▲腳掌方面由於渾圓的腳跟頗令人在意，因此先將內部填墊好，再用鋸子將該處削平。至於骨架部位的凹槽則是也用保麗補土填平。

各位好，我是長德！這次要製作的是HGUC拜藍。作為MS來說，拜藍有著獨特的造型，我將在強化各部位細節的同時，加入劇場版的氛圍，目標是完成一個富有劇場氣氛的作品。請大家一路陪伴到最後，謝謝！

■分件組裝式修改

由於肘關節為夾組式的構造，因此將組裝槽削出缺口，使這裡能分件組裝。

■細部修飾作業

將機體各部位進氣口給挖穿，以便以塑膠板重製百葉窗狀結構。光是這樣做就能營造出深度與銳利感。

將小腿肚的油壓桿結構削掉，改用金屬線搭配金屬管重製得更具立體感。至於頭部則是將2根天線給削薄，還把單眼部位削掉並鑽挖開孔，接著在內部黏合直徑2mm圓棒，再將WAVE製「H‧眼」黏貼在該處以重製單眼。這樣一來不僅能讓該處顯得比套件更深邃，亦可為單眼營造出立體感。

在手肘一帶方面，套件中並未做出光束軍刀掛架，只是純粹插在上臂零件的開口裡，但就設定來看，上臂內部應要設有軍刀掛架才對。由於這部分在擊毀卡薩C的場面中很令人印象深刻，因此便用塑膠板自製了該掛架。這部分是先將遮擋住上臂內部的結構削成開口狀，同時也用市售改造零件為手肘的圓形部位追加細部結構，然後將自製軍刀掛架插進設置於上臂深處的軟膠零件裡，這樣一來就多少能夠稍微擺動了。

肩部、上臂、腰部區塊、小腿肚等面較寬廣處均追加了刻線。

由於希望背部推進器也能顯得深一點，因此省略了裝設在內部的紅色零件，同時也削掉隔板類結構，以便在內部設置新的隔板並裝入推進器零件。

將臂部MEGA粒子砲用手鑽開孔後，藉由裝入黃銅管來重現砲口。前臂處紅色零件上的細部結構也用手鑽開孔，然後同樣裝入了黃銅管。

■塗裝

在機體配色方面，主體色是以EVA紫為基礎，經由加入透明藍和白色調出的。上臂顏色較明亮的部位則是經由多加入一點白色調配而成。各部位的紅色選用了EVA紅，黃色則是為橙黃色加入白色調出的。

長德佳崇

以船艦模型為中心在HOBBY JAPAN月刊上也很活躍。是一位除了製作比例模型之外，亦很擅長鋼彈模型等各種不同題材的全能職業模型師。

071

BELONGING：TITANS　　MODEL NUMBER：NRX-055　　MODEL NAME：BAUND DOC

利用獵犬營造出
身處太空中的情景模型

　　在爭奪格里普斯2的攻防戰中，傑利特·梅薩駕駛著獵犬不斷找尋著卡密兒的Ζ鋼彈。在總算發現Ζ鋼彈的身影後，傑利特隨即用獵犬向卡密兒的Ζ鋼彈發動攻勢。
　　既然是身處並非地面的太空中，那麼乾脆以太空垃圾作為踏腳處，藉此解決製作太空題材情景模型時的首要難題。為了讓獵犬能凸顯出比動畫中更像是怪物的形象，範例中刻意擷取出了獵犬在一手掐住吉姆Ⅱ之餘，亦向Ζ鋼彈發動襲擊那瞬間。角田勝成一展向來擅長製作怪獸情景模型的身手，打造出了一件充滿躍動感的作品呢。

傑利特突襲

BANDAI SPIRITS 1/144 scale plastic kit
"High Grade UNIVERSAL CENTURY"
NRX-055 BAUND DOC use

JERID ASSAULT

the diorama built&described by Katsunari KAKUTA

MOBILE SUIT Z GUNDAM MS TECHNOLOGY／機動戰士Z鋼彈／MS科技發展沿革 U.C.0087-0088

傑利特突襲

使用BANDAI SPIRITS 1/144比例 塑膠套件
"HGUC"
NRX-055 獵犬

製作・文／角田勝成

▶這件情景模型的整體尺寸約為長41cm×寬27.5cm×高43cm。獵犬是製作成招著吉姆Ⅱ高舉起來的架勢，為這件情景模型營造出了高度。作為地台的太空垃圾則是刻意設置成傾斜狀，藉此表現出身處太空中的不穩定感。

BELONGING: TITANS | MODEL NUMBER: NRX-055 | MODEL NAME: BAUND DOC

▼在被獵犬掐住的吉姆Ⅱ這一方面，用電雕刀削挖被鉤爪掐著的部分，藉此表現出遭到用力掐緊的模樣。

▼Z鋼彈選用了目前最新的HG套件（No.203）。在製作上僅仔細地將各個面打磨修整過。

074

機動戰士Z鋼彈 MS技術發展沿革 U.C.0087-0088

▲將獵犬的單眼,更換成WAVE製H‧眼,還將左臂護盾上的MA變形用卡榫給削平。更將腿部骨架的凹槽用AB補土填平。

▲太空垃圾的部分,是先在保麗龍表面上黏貼塑膠板,再追加細部結構製作成像是建築物外壁的模樣。雷達等設備是收集鐵道模型的架線柱和剩餘零件製作而成。最後還先加熱軟化做成扭曲狀才裝設上去。

「傑利特!你這傢伙!!」
　這次我要用超熱門的獵犬來製作情景模型。它在動畫中是傑利特的最後座機。在這件情景模型裡,我則是要試著藉由獵犬來表現出傑利特的殘忍無情,以及他對卡密兒的執著。
　首先是從作為主角的獵犬說起。這款套件在外形上無從挑剔,不管怎麼看都很完美呢。可動部位還採用了不需要軟膠零件的新式設計。不僅如此,更備有諸多可動機構,足以讓獵犬擺出各種生動的架勢。
　將頭部的單眼從貼紙更改為WAVE製H‧眼,2根刃狀天線也打磨得薄一點。腿部是將凹槽用AB補土填平。接著是將護盾上在變形時用來連接的卡榫狀結構削掉。所有零件也都經由仔細地打磨進行了表面處理。儘管是相當費事的作業,但這樣做能讓最後的完成度顯得截然不同。

　那麼,再來是Z鋼彈。這款套件在MS和穿波機形態的體型上都設計得相當精湛,可說是傑作套件!尤其臉孔更是製作得帥極了呢!儘管這架機體也是直接製作完成,但所有零件當然都有經由用砂紙打磨進行過表面處理。
　最後是可謂這件情景模型中另一名主角的吉姆Ⅱ。受惠於具備設計很巧妙的零件架構,製作這款套件時能毫無壓力地磨掉分模線和進行無縫處理。即便就造型和可動機構來看也是相當不錯的套件。而製作吉姆Ⅱ之際最困難的地方,就屬該如何表現出被悽慘地擊敗的感覺了。儘管是理所當然的事情,但MS的臉上並沒有表情可言,只能藉由手腳的動作來表現演技,因此光是要決定該擺出什麼動作就令我煞費苦心呢。
　幾經思考後決定讓吉姆Ⅱ呈現被獵犬用巨大鉤爪用力掐住,而且鉤爪還陷進身體裡的模樣。另一

架吉姆Ⅱ則是用電雕刀添加遭到該巨大鉤爪重創的損傷。這件情景模型中所有登場MS的感測器都是利用彩色鋁箔膠帶來呈現。為了讓手掌能更生動,因此這部分更換成市售的細部修飾零件。最後還利用電雕刀添加了戰損痕跡。
　情景模型地台本身是以漂浮在太空中的太空垃圾為藍本。太空垃圾是先在保麗龍表面上黏貼塑膠板,再追加細部結構來重現建築物外壁的模樣。還收集鐵道模型的架線柱和剩餘零件做出雷達塔。太空垃圾和MS都設置成相對於台座呈現傾斜狀的模樣,藉此營造出身處無重力環境下的不穩定感。

角田勝成
擅長以角色機體、怪獸等題材來製作情景模型的資深職業情景模型師。善於擷取出任誰都能看得懂的情景架構。

075

BELONGING: TITANS
MODEL NUMBER: RX-110
MODEL NAME: GABTHLEY

迪坦斯首見的高性能可變MS

BANDAI SPIRITS 1/144 scale plastic kit
"High Grade UNIVERSAL CENTURY"

RX-110 GABTHLEY

modeled & described by Shinichiro SAWATAKE

藉由施加RG風格細部修飾 力求呈現更具密度感的面貌

　　加布斯雷由迪坦斯主導，在地球聯邦軍月神二號基地研發。由於帕普提瑪斯‧西羅克參與了設計，因此與梅薩拉同樣具備MS、MA雙形態高潛力的特徵。格里普斯戰役中，共有兩架參與實戰，曾將鋼彈Mk-Ⅱ逼入絕境。本範例由第5期（日文版）負責RG鋼彈Mk-Ⅱ的澤武慎一郎製作，為了足以與RG相匹敵，他將套件各處追加了細部結構，並搭配機身標誌水貼紙襯托，精湛呈現RG風格的加布斯雷。

MOBILE SUIT Z GUNDAM MS TECHNOLOGY　U.C.0087-0088
機動戰士Z鋼彈　MS科技發展沿革

RX-110 加布斯雷

BANDAI SPIRITS 1/144比例 塑膠套件
"HGUC"

製作・文／
澤武慎一郎

▶ 不僅能藉由可動骨架變形為MA形態，亦可變形為將該可動骨架直接作為鉤爪臂運用的中間形態。

▲▶ 變形為MA形態時，全身上下22具的推進器均會一致朝向後方，能大幅度地獲得推進力。由於肩甲上也設有多具姿勢控制噴射口，因此亦可發揮高度的機動力。

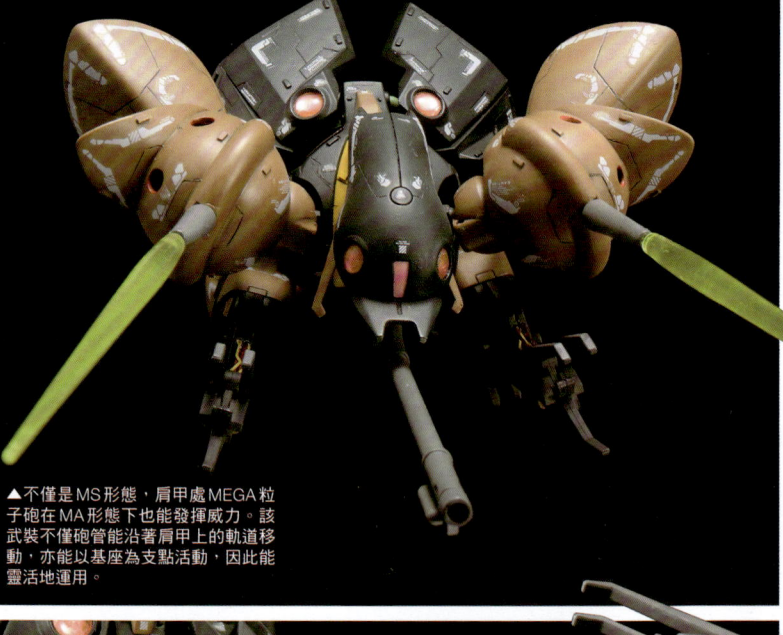

BELONGING: TITANS　MODEL NUMBER: RX-110　NAME: GABTHLEY

▶在迪坦斯企圖制壓住月面都市馮・布朗的「阿波羅作戰」中,是由傑利特・梅薩與瑪雅・法拉歐搭乘。他們與百式等幽谷的MS戰得不相上下。

▲不僅是MS形態,肩甲處MEGA粒子砲在MA形態下也能發揮威力。該武裝不僅砲管能沿著肩甲上的軌道移動,亦能以基座為支點活動,因此能靈活地運用。

足以辦到亦擅長格鬥戰的腿部可動骨架鉤爪

儘管加布斯雷是攜帶使用屬於中長程砲的戰士步槍,但只要讓腿部變形為讓可動骨架外露的鉤爪臂,那麼亦能在格鬥戰中有所發揮。該鉤爪臂曾再三地令鋼彈Mk-Ⅱ、百式等幽谷的MS陷入苦戰。

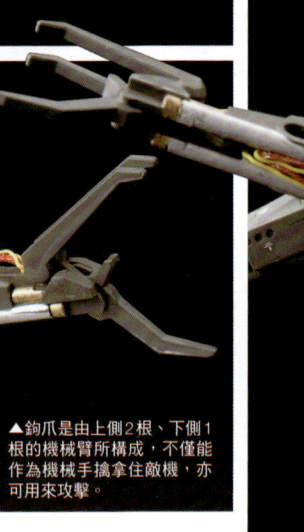

▲鉤爪是由上側2根、下側1根的機械臂所構成,不僅能作為機械手擒拿住敵機,亦可用來攻擊。

機動戰士Z鋼彈 | MS科技發展沿革 U.C.0087-0088

▲腰部和MA形態時機首的感測器是在底面黏貼HASEGAWA製鏡面狀曲面密合貼片，接著再黏貼WAVE製H・眼來呈現。

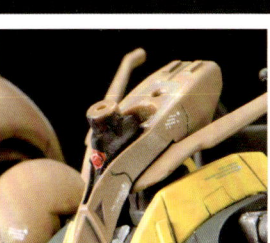

◀頭部是先將單眼軌道用孔開鑽後，再將WAVE製H・眼廢棄框架經由加熱拉絲法做出的細長透明柱裁切成適當長度塞入其中，藉此重現單眼。

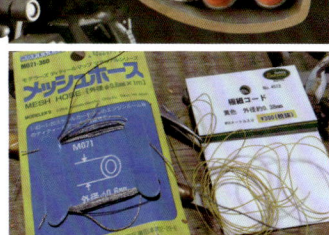

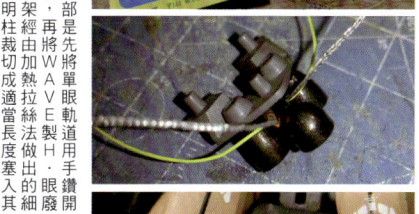

▲袖口、推進器深處一帶、腿部骨架等處均利用MODELER'S製煞車管搭配SAKATSU製極細電線（黃色）設置了管線。噴射口基座上配合鑽挖開孔讓電線穿過，以免脫落。

▲由於裙甲內側在MA形態時相當醒目，因此藉由黏貼塑膠板添加細部修飾。

▲戰士步槍的後側可作為光束軍刀使用，因此包含收納在左右前臂裝甲罩裡頭的在內，共計有5柄光束軍刀可運用。

儘管算是早期的套件了，但距離做到完全變形只差臨門一腳，可說是充滿企圖心的力作，如果是以BANDAI現今的技術來設計，要辦到完全變形顯然是綽綽有餘呢。然而畢竟問世已有一段時日，免不了能找出一些可以改良的地方，而且細部結構的表現也顯得較單調，因此我決定往這方面下功夫，力求製作成RG風格的加布斯雷。

■製作

由於體型與機構設計出色，因此維持原樣。先噴塗底漆補土，再用自動鉛筆在機體上描繪預定雕刻的線條草稿，並據此思考細部結構配置。這部分很能展現個性，使整體更具魅力。雖然擔心成品是否協調，仍決定依自己方式進行。定案後，以自製模板（用0.3mm塑膠板裁成各種形狀）輔助，使用刻線針雕刻；視部位不同，也可以改用P形刀。失誤處以補土填平再重新雕刻。考量曲面難以刻出直線，改以失去彈性的自製模板水平貼上，再沿線雕刻。

原本額部梯形結構、肩甲、小腿推進器等處的雕刻過淺，重雕後並追加噴射口。肩甲推進器特別使用削薄的WAVE製噴射口呈現，由於單側需5個，因此總共購買3份（待上色後再黏合）。

手掌改造後，可以將步槍握得更牢固：先將拇指外的手指黏合，分割拇指後再以黃銅線接回拇指，讓它能夠轉動，這樣一來即可穩定持槍。

MA形態的眼部、裙甲處鏡頭都換成WAVE製H・眼，內側也都個別黏貼了HASEGAWA製鏡面狀曲面密合貼片。單眼則是先鑽挖開孔，再裝設將WAVE製H・眼廢棄框架經由加熱拉絲法做出的細長透明柱，這部分要記得將前端磨圓，最後還要用螢光粉紅色塗裝。

■塗裝

主要的褐色是選用119號・RLM79沙漠黃，綠色是用15號，暗綠色＋消光黑約20％調出的；黃色選用了329號；骨架類是用310號；步槍是用軍艦色2；紅色是用蒙瑟紅；動力管是選用312號。等塗裝完畢後便入墨線，只要有修正原本細部結構過淺處，即可提高精緻度。

最後是拿ASU・DECA牌水貼紙、線條／模板字水貼紙、satellite水貼紙來搭配黏貼，再經由用消光透明漆噴塗覆蓋加以保護＆調整光澤度，這樣一來就大功告成了。

澤武慎一郎
擅長船艦、科幻、特攝題材的全能模型師。亦有著足以設置燈光機構和製作情景模型的多元技術和知識。

079

BELONGING: TITANS
MODEL NUMBER: RMS-154
MODEL NAME: BARZAM

迪坦斯最後的主力MS

BANDAI SPIRITS 1/144 scale plastic kit
"High Grade UNIVERSAL CENTURY"

RMS-154 BARZAM

modeled&described by GAA(firstAge)

以身體一帶為中心來調整均衡性

巴薩姆是迪坦斯掌控地球聯邦軍後，用以取代吉姆Ⅱ與高性能薩克的次期通用主力MS。雖偏離人型的外型較為顯眼，但如可動骨架與火神砲莢艙等設計，皆展現了其作為鋼彈Mk-Ⅱ後繼機的特徵。基於作者喜好，範例替較令人在意身體一帶增添分量，調整了整體均衡性，在結合細部修飾的襯托下，將套件本身具備的潛力提升到了更高境界。

MOBILE SUIT Z GUNDAM MS TECHNOLOGY U.C.0087-0088
機動戰士Z鋼彈 MS科技發展沿革 U.C.0087-0088

U.C.0088 未能充分趕上格里普斯戰役的迪坦斯象徵

巴薩姆是在格里普斯戰役後期出廠的，但很諷刺的是，它是以遭到幽谷奪走之後，才在對方手中實際證明了性能之高的鋼彈Mk-Ⅱ為基礎進行研發而成。儘管備受期待能成為迪坦斯的全新象徵，但受限於沿襲自鋼彈Mk-Ⅱ的複雜機體構造和造價等問題，導致最後未能正式量產。

RMS-154 巴薩姆
BANDAI SPIRITS 1/144 比例 塑膠套件
"HGUC"

製作・文／GAA（firstAge）

留有濃厚鋼彈Mk-Ⅱ色彩的共通點

巴薩姆據說是作為鋼彈Mk-Ⅱ後繼機進行研發的機種。在此要確認它與鋼彈Mk-Ⅱ之間的互換性及共通點何在。

火神砲莢艙系統

▲與RG鋼彈Mk-Ⅱ合照。儘管從外觀上似乎看不出有多少共通點……

推進背包

▲與鋼彈Mk-Ⅱ採用了外裝式的火神砲。該裝備在外形上有些許進步之處，尺寸也經過縮減，但構造仍與鋼彈Mk-Ⅱ的相同。

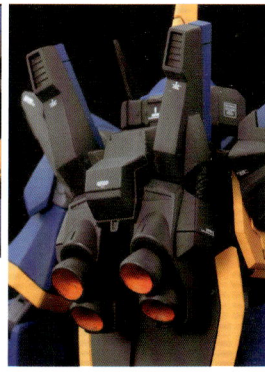

▲▶在日後發生的培曾叛亂中，可確認到有機體配備了與鋼彈Mk-Ⅱ同型的推進背包。從這點可以看出兩種機體之間具有互換性，易於換裝推進背包。

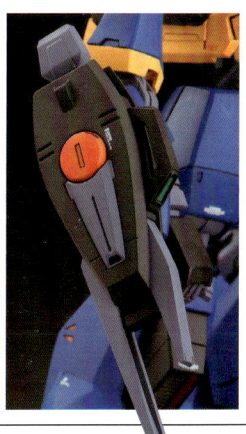

▶光束步槍原本屬於攜帶式武裝，但換成了無能量彈匣的巴薩姆專用版本。能量據信是從主體供給的。另外，本機種也能共用既有MS的武裝，有目擊情報指出，曾有機體使用與鋼彈Mk-Ⅱ同型的光束步槍。

攜帶式武裝

BELONGING: TITANS
MODEL NUMBER: RMS-154
MODEL NAME: BARZAM

▶從HGUC（194）取用推進背包和光束步槍來配備的模樣。令人不禁聯想到在戰場上或許真有這樣的機體存在。

▲武裝除了專用光束步槍和光束軍刀之外，亦準備了取自HGUC（194）鋼彈Mk-Ⅱ的光束步槍。

◀能量供給彈鏈可經由替換組裝重現連接在主體上的狀態，而且光束步槍這邊內藏有使用到軟膠零件的可動機構，因此前臂能亦能自由活動，不會被彈鏈卡住。

▲主體上除了設有專用推進背包的連接用掛架之外，亦另行設置了開口可供裝設HGUC（194）的推進背包，因此無須改造就能裝設上去。

082

Mobile Suit Z Gundam MS Technology
機動戰士Z鋼彈 / MS科技發展沿革 U.C.0087-0088

◀▲▲肩甲處是為藍色的內側零件追加細部結構。

▲▶▼頭部是將刃狀天線末端的安全片剪掉並削磨銳利。身體則是為胸部正面零件夾組塑膠板,藉此以加大上揚角度的方式增添分量。

▲▶為腿部追加了紋路和溝槽狀結構。

▲將後裙甲內側黃色部位的凹槽用補土填平。

▲與套件的胸部正面相比較。隨著加大了胸部上揚角度,頂面也要相對地削掉一些。藉此調整胸部整體的尺寸與均衡性。

■續・Z特輯

繼上一期(日文版)的《Z鋼彈0087特輯》後,我再次受邀參加後半部的特輯了,這次我要擔綱製作迪坦斯的新主力機種巴薩姆。

■套件概要

HGUC巴薩姆算是相對地較近期的套件了,可以感受到在體型、機構,以及組裝難易度等方面並沒有什麼特別大的問題。儘管巴薩姆尚有好幾種經過重新設計的後續機型登場,不過以整體輪廓來說,這款套件忠實地重現了當年設定圖稿中沒有腹部和腰部之分,偏離了人型的模樣。相對地,在細部結構和稜邊的處理方式上倒是採用了現今風格來詮釋。

■製作

稍微看了一下,胸部正面五角形零件的角度似乎過陡,於是便將下側墊高以調整角度。儘管周圍零件也得配合一併進行調整,修改難度顯然高了點,但經過這個調整之後,套件應該會變得帥氣許多才是。

整體僅追加了些許細部結構。由於套件無須改造即可裝設鋼彈Mk-Ⅱ的推進背包,因此便趁著這個機會備妥沿用囉。當然也順便準備了鋼彈Mk-Ⅱ的光束步槍供套件持拿。

■配色

藍=超亮藍+迪坦斯藍2
深藍=迪坦斯藍1
紅=亮紅色
黃=黃橙色
灰=CB11紫羅蘭灰

入墨線後用市售水貼紙添加點綴,再用消光透明漆噴塗覆蓋整體,這樣一來就大功告成了。

■味道十足的商品陣容

《Z鋼彈》乃是《機動戰士鋼彈》播映完畢後首度推出的續作動畫,暫且不論人物,包含可變形的MS在內,有許多設計得深具個性的事物大舉登場呢。儘管目前尚有未推出套件的機體,但大家肯定都能找到對自己胃口的套件才是,各位不妨以這篇特輯為契機,試著找機會花時間仔細地製作完成吧。

GAA
活躍於HOBBY JAPAN月刊的機械派職業模型師。
隸屬於以關西為據點進行活動的社團firstAge。

083

BELONGING: TITANS
MODEL NUMBER: RX-139
MODEL NAME: HAMBRABI

奇形怪狀的獵人

BANDAI SPIRITS 1/144 scale plastic kit
"High Grade UNIVERSAL CENTURY"

RX-139 HAMBRABI

modeled&described by Keisuke WATANABE

藉由將各部位削磨銳利與延長來營造出更為剽悍的形象

　　漢摩拉比乃是色當之門研發的迪坦斯所屬量產先行型MS。在基礎設計方面有一部分獲得了帕普提瑪斯‧西羅克協助，為了替代受限於變形機構較為複雜導致難以量產的加布斯雷，共有3架漢摩拉比投入實戰。除了手掌以外，這款套件無須替換組裝即可變形為MA形態。更是一款以MS與MA這兩種形態都能具備最佳體型為目標的傑作。範例中藉由將各部位末端削磨銳利，以及將臂部和腿部給延長等加工，力求將漢摩拉比本身的剽悍形象提升到更高層次。

RX-139 漢摩拉比
BANDAI SPIRITS
1/144比例 塑膠套件
"HGUC"
製作・文／渡邊圭介

▲外形會令人聯想到魟魚的MA形態。在變形程序方面也相當單純，只要將腿部翻轉折疊到背後，並且把彎曲的臂部往前伸，同時將尾部長矛往後方伸直即可。由於變形機構相當簡潔，因此據說只要0.5秒即可變形完成。

MOBILE SUIT Z GUNDAM MS TECHNOLOGY 機動戰士Z鋼彈 MS科技發展沿革 **U.C.0087-0088**

085

BELONGING : TITANS
MODEL NUMBER : RX-139
MODEL : HAMBRABI

▲套件中附有最為獨特的武裝海蛇鞭（纜線是以單芯線來呈現），以及與加布斯雷同型的戰士步槍。儘管從外形上看不出來，但可動範圍超乎想像地寬廣，能夠擺出顯眼帥氣的射擊架勢。在股關節骨架上設有3mm組裝槽，能藉此連接在可動展示架上。MA形態亦備有專用的連接零件，要擺出飛行場面也毫不困難。

▲憑藉著本身的機動力，漢摩拉比亦相當擅長格鬥戰。它備有臂部鉤爪、背面的尾部長矛，以及光束軍刀等近身戰用武裝。

擅長一擊遠颺戰法的高機動MA

RX-139 漢摩拉比

漢摩拉比擅長憑藉MA形態的機動力施展一擊遠颺戰法，也因此備有適於近身戰的格鬥用武裝。

尾部長矛  **鉤爪**

▲尾部長矛和鉤爪的威力相當強大，尾部長矛一記攻擊就足以令蕾柯亞的梅塔斯陷入癱瘓。

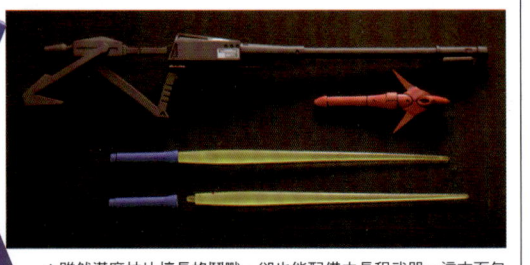

▲雖然漢摩拉比擅長格鬥戰，卻也能配備中長程武器。這方面包含了加布斯雷的戰士步槍，以及海蛇鞭，有時還會看到它攜帶與馬拉賽同型的光束步槍。

086

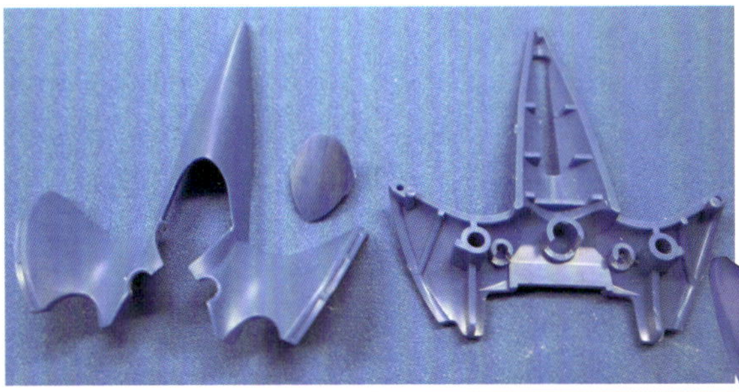

MOBILE SUIT Z GUNDAM MS TECHNOLOGY **機動戰士Z鋼彈** MS科技發展沿革 **U.C.0087-0088**

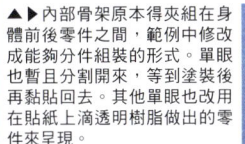

▲▶內部骨架原本得夾組在身體前後零件之間，範例中修改成能夠分件組裝的形式。單眼也暫且分割開來，等到塗裝後再黏貼回去。其他單眼也改用在貼紙上滴透明樹脂做出的零件來呈現。

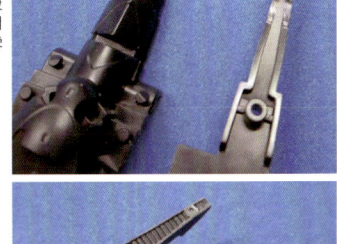

▲將大腿用塑膠板延長3mm。

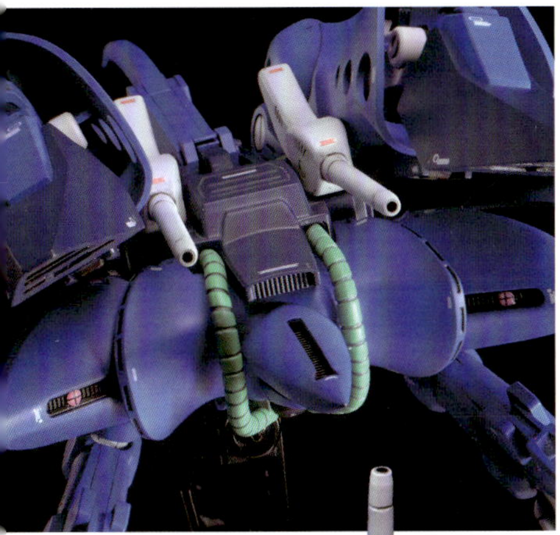

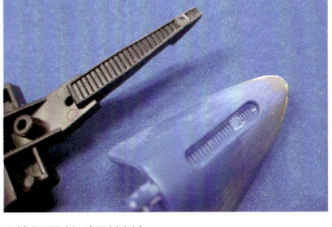

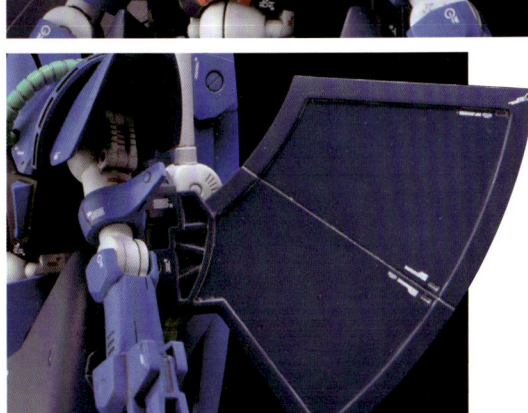

◀將股關節球形軸棒的軸棒部位削掉，使雙腿能靠得更緊密一點。為了補強起見還用黃銅線打樁。

▶龐大的背部機翼是藉由在末端黏貼塑膠片加以削磨銳利。

▲▶為了將腳掌修改成類似高跟鞋的樣子，因此將腳跟左右兩側各增寬1mm並往下延長2mm。腳尖也稍微增寬，同時將前端予以延長。至於腳底則是墊高約1mm，以及重製底面的細部結構。

◀儘管背部光束步槍為MA形態的主要兵裝，但MS形態有時也會使用到。

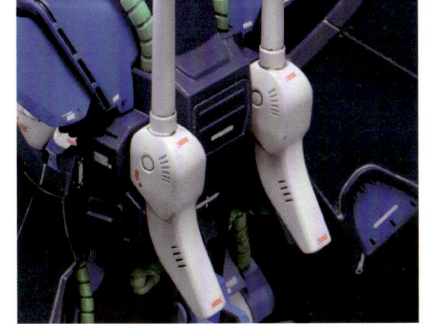

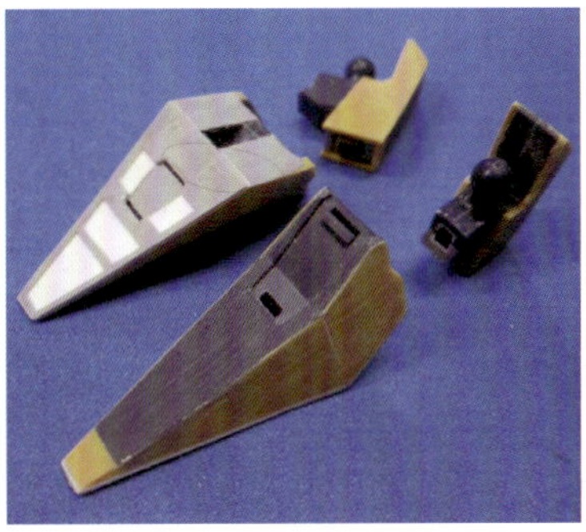

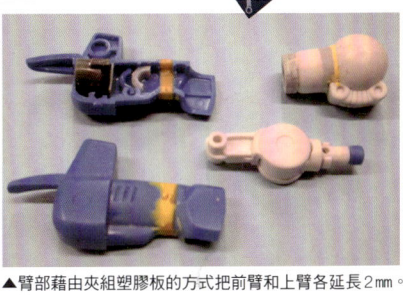

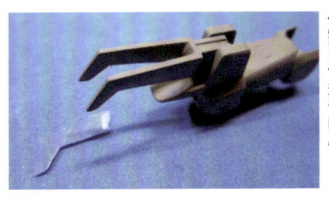

▲臂部藉由夾組塑膠板的方式把前臂和上臂各延長2mm。

◀總覺得鉤爪太厚了，呈現越往末端越薄的模樣，因此分割開來以便對內側進行削磨。

我打從之前就很想製作漢摩拉比了，因此相當開心。儘管是一陣子之前的套件了，但整體設計得相當不錯，這次也就只著重在調整均衡性上。

■製作
由於身體分割為前兩片零件，為便於無縫處理，改為可分件組裝形式。只需削除身體與內部骨架卡住的結構即可解決。單眼部分則先從身體分分割開，最後再黏合回去。

機翼是在末端黏貼塑膠片以削磨得更銳利。尾部長矛是將凹槽填平，並且將末端同樣藉由黏貼塑膠片（框架標示牌）加以削磨銳利。至於合葉處的軟膠零件則是透過黏貼塑膠板作為掩飾。

由於覺得臂部短了點，因此藉由夾組塑膠板的方式把前臂和上臂各延長2mm。鉤爪也顯得厚了點，為了呈現越往末端越薄的模樣，於是分割開來以便對內側進行削磨。原有的手掌是用軸棒來連接，基於提高可動性的考量，這部分改用球形關節來連接。

由於覺得股關節處的空隙很令人在意，為了讓雙腿能靠得更緊密些，因此將股關節球形軸棒的長度給截短。接著是將大腿經由夾組塑膠板延長3mm，但這樣一來側面的動力管會不夠長，必須一併延長才行，這部分是經由黏貼動力管零件所在的框架並自行切削而成。

即使是MS形態，小腿處推進器只要稍微被腿部骨架頂到就會凸出來，因此對會頂到的部分進行削磨調整，讓推進器只會在MA形態時被頂到稍微凸出來。推進器本身也將邊緣削薄，並且在內部黏貼刻有紋路的塑膠板。

為了將腳掌修改成有點類似高跟鞋的樣子，因此用塑膠板將腳跟左右兩側各增寬1mm並往下延長2mm。腳尖也稍微增寬，同時將前端予以延長。至於腳底則是墊高約1mm，以及重製底面的細部結構。經此修改後，腳尖與腳跟的高度會產生差異，得將兩者分割開來再重新黏合固定。

為裙甲的正面黏貼塑膠板，以修改轉折處的線條。裙甲下襬也經由削磨修改了C面（倒角）角度。而末端部位則藉由黏貼塑膠片加以削磨銳利。

■塗裝
基本上是配合套件整體的氣氛來調色。
主體藍＝MS藍＋鈷藍少許
白＝MS白
腹部等處＝藍色FS15044
腳部等處＝328號藍色FS15050
動力管類部位＝翡翠綠
紅＝亮紅色

稍微施加漸層並添加陰影，再用琺瑯漆入墨線，接著貼上手邊現有的水貼紙，最後以消光透明漆噴塗覆蓋整體，麼一來就大功告成了。

渡邊圭介
擅長硬派作品風格的資深職業模型師。熟悉各式技法，從套件攻略到自製模型都難不倒他。

BELONGING: TITANS
MODEL NUMBER: RMS-106CS
MODEL NAME: HIZACK CUSTOM

針對長程射擊特化的修改機

BANDAI SPIRITS 1/144 scale plastic kit
"High Grade UNIVERSAL CENTURY"

RMS-106CS HIZACK CUSTOM

modeled&described by ORENGE-EBIS

藉由ORIGIN版薩克進行拼裝製作來改良高性能薩克

高性能薩克特裝型在TV版中是於SIDE 2第13號殖民地附近與克瓦特羅的百式交戰，但在電影版中則是於迪坦斯的據點色當之門執行警戒任務。既然是由高性能薩克針對長程射擊特化而成的修改機體，也就不難想像會獲派執行以中長程狙擊為中心的任務。這件範例乃是由おれんぢえびす擔綱製作的。儘管是拿作為基礎機體的HG高性能薩克來進行改造，卻也運用了HG THE ORIGIN系列的薩克Ⅱ這款新近套件來改良各個部位。藉此完成了符合2020年代設計風格且具備寬廣可動範圍的高性能薩克特裝型。

RMS-106CS 高性能薩克特裝型

BANDAI SPIRITS
1/144比例 塑膠套件
"HGUC"
製作・文／おれんぢえびす

MOBILE SUIT Z GUNDAM MS TECHNOLOGY U.C.0087-0088

機動戰士Z鋼彈 MS科技發展沿革

針對長程射擊特化與提高防禦力

只備有狙擊用武裝的MS弱項在於近身戰。因此為了提高防禦力起見，高性能薩克特裝型進行了加大護盾尺寸和增設尖刺等修改。

右肩護盾

左側帶刺肩甲

▲左側帶刺肩甲也加大了尺寸。相對地則是省略了攜帶式的護盾。

◀右肩處護盾從一般L字形薩克護盾更改為追加了5根尖刺的帶刺護盾。不僅如此，護盾面積還往下延伸到足以保護住整條手臂的長度。

光束砲

▲改為攜帶針對長程狙擊特化的光束砲。這是為了提高射程距離和光束的會聚率。

MS-06CS 高性能薩克特裝型

BELONGING: TITANS
MODEL NUMBER: RMS-106CS
MODEL NAME: HIZACK CUSTOM

▲▼與素組的HG高性能薩克（照片左方）相比較。將腿部和踝關節延長，頭身比例也被拉高了，呈現更帥氣俐落的體型。

▶HG高性能薩克是在2000年時問世的套件。儘管各部位形狀和體型都設計得相當不錯，但在可動範圍方面就有些差強人意。因此範例中藉由拼裝HG薩克Ⅱ（THE ORIGIN版）（以下簡稱為HG ORIGIN版薩克）的肩部、手肘、股關節等部位來擴大可動範圍。使這件高性能薩克特裝型能擺出用雙手持拿光束砲和各式醒目帥氣的動作架勢。

090

MOBILE SUIT Z GUNDAM MS TECHNOLOGY U.C.0087-0088
機動戰士Z鋼彈 MS科技發展沿革

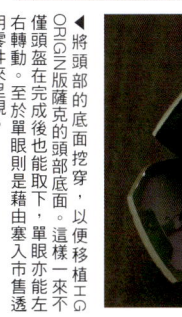

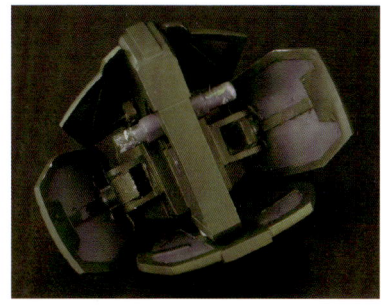

▲將頭部的底面挖穿,以便移植HG ORIGIN之版薩克的頭部底面。這樣一來不僅頭盔在完成後也能取下,單眼亦能左右轉動。至於單眼則是藉由塞入市售透明零件來呈現。

▲為裙甲內側黏貼塑膠板予以增厚,然後進一步黏貼塑膠板做出桁架狀細部結構。

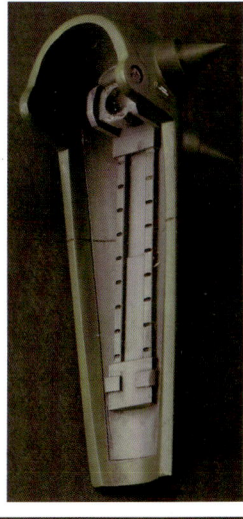

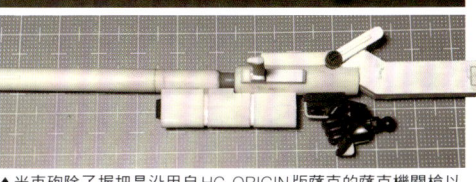

▶右肩處護盾是以HG薩克Ⅰ的零件為基礎用塑膠板延長而成。而且還用保麗補土將線條整合為一體。內側則是用塑膠材料追加了軌道狀細部結構。

▲光束砲除了握把是沿用自HG ORIGIN版薩克的薩克機關槍以外,其餘部位均是用塑膠板自製的。

▲身體的頸部、肩關節都是移植自HG ORIGIN版薩克。

▲大腿頂部關節也是移植自HG ORIGIN版薩克。形狀用補土來修改。靴子部位則是分割為前後兩側,並且用市售關節零件設置能將前後側連接起來的可動機構。

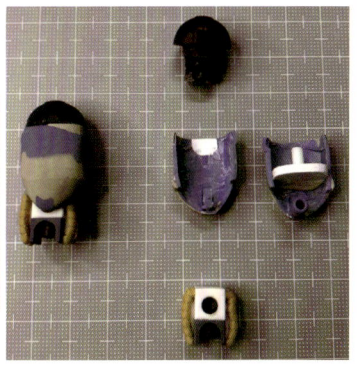

▲製作途中的全身照。套件選用了作者身邊能買到的聯邦軍配色版。從各種材料的顏色可以看出哪些部位經過修改。

　　這次我擔綱製作通稱「伏兵高性能薩克」的高性能薩克特裝型。主要是為HG高性能薩克組裝HG ORIGIN版薩克Ⅱ的關節,在不改變外觀的前提下擴大可動範圍,製作起來其實還頗費心力的呢。

■製作
　　將高性能薩克的頭部底面給挖穿,削掉內部的結構並設置固定用軸棒。HG ORIGIN版薩克Ⅱ的頭部則是將單眼連同底面一併分割開來,以便移植到高性能薩克的頭部裡。
　　將高性能薩克突出的肩關節削除,改為移植HG ORIGIN版薩克Ⅱ的肩關節。腰部插入球形軸棒,而為了讓腰部能使用HG ORIGIN版薩克Ⅱ的前後擺動機構,因此只分割出這部位使用。但也因此造成與原腰部中央裝甲有高低差,必須經由黏貼塑膠板加以調整。駕駛艙蓋亦以堆疊補土修整成形。
　　肩部的骨架、上臂、肘關節、手掌都是直接使用HG ORIGIN版薩克Ⅱ的零件。前臂是將與一般高性能薩克不同的部分削掉,再藉由黏貼塑膠板製作成所需形狀。為了能充分地容納HG ORIGIN版薩克Ⅱ的前臂骨架,因此還用塑膠板製作了導軌零件。
　　左側帶刺肩甲以HG ORIGIN版薩克Ⅱ零件為基礎,黏貼塑膠板與堆疊補土塑形,尖刺取自市售改造零件。右肩護盾則以HG薩克Ⅰ零件為基底,板狀部位由4片彎曲的0.3mm塑膠板黏合成形,硬化後與球狀部位結合,並用補土填平高低差。最後裝上市售尖刺零件、塑膠板製作似能伸縮的軌道及球形組裝槽,這樣一來就算是大功告成了。
　　將靴子部位分割為腳尖和腳掌這兩處,接著把腳掌的頂板削掉,以便裝設市售的可動零件來連接這兩者。將腳背區塊的球形關節改用補土固定住,並且將這個區塊與腳跟部位黏合起來。
　　膝關節原本也打算使用HG ORIGIN版薩克Ⅱ的零件,但不管怎麼做都會卡在動力管的問題上,只好放棄這個念頭。將大腿頂部削掉,並且在內部設置連接用的軸棒,這樣一來就能從HG ORIGIN版薩克Ⅱ移植頂部的可動機構了。至於外形則是經由堆疊補土加以修整。
　　將小腿側面推進器的頂部用補土修改外形,噴射口則是用塑膠板塞住。由於內側隱約可見,因此也用補土填滿。
　　將推進背包上側的增裝燃料槽暫且分割開來,以便延長4mm,接著還對接合面進行削磨調整,藉此讓這部分能呈現往後傾斜的角度,然後才重新黏合回去。至於噴射口一帶則是用塑膠板延長後,再用補土製作成所需的形狀。
　　光束砲最粗的部位為直徑8mm,其他部分是拿2根較細的塑膠管來拼裝,剩下的部分則是經由堆疊塑膠板製作而成。握把則是取用自HG ORIGIN版薩克Ⅱ的薩克機關槍。

■塗裝
　　這方面是以設定圖稿為參考。
淺綠＝黃綠色55％＋卡其色30％＋深綠色15％
深綠＝深綠色80％＋黑色20％

おれんぢえびす
HOBBY JAPAN月刊的資深職業模型師。擅長精確且紮實的形狀調整和細部修飾手法。

091

BELONGING: NEO ZEON

MODEL NUMBER: AMX-003

MODEL NAME: GAZA

來自阿克西斯的使者

BANDAI SPIRITS 1/144 scale plastic kit
"High Grade UNIVERSAL CENTURY"

AMX-003
GAZA-C

modeled&described by Akinori YOSHIMURA(JUNE ART PLANNING)

藉由無從挑剔的製作進一步提升水準

卡薩C是在《戀人們》故事尾聲震撼登場的阿克西斯陣營主力可變MS。不僅受惠於簡潔的機體構造得以大量生產，還具備了重火力的性能，更以另類的輪廓為特徵，是一款包含MA形態、砲擊姿勢在內，共計能變形為3種形態的機體。範例是以HG套件為基礎，製作重心放在填補凹槽和添加細部修飾上。擔綱製作者正是在塗裝方面向來以具有潔淨感獲得肯定的吉村晃範。

MOBILE SUIT Z GUNDAM MS TECHNOLOGY
機動戰士Z鋼彈 / MS科技發展沿革 U.C.0087-0088

AMX-003 卡薩C

BANDAI SPIRITS
1/144比例 塑膠套件
"HGUC"

製作・文/吉村晃範
(JUNE ART PLANNING)

◀▼MA形態亦能變形為伸出雙腿站穩以充當移動砲台使用的砲擊姿勢。

BELONGING: NEO ZEON　　MODEL NUMBER: AMX-003　　MODEL NAME: GAZA-C

▲在動畫中最令人印象深刻的胸部感測器，以及因為只剩下變形機構而顯得極為細瘦的腹部等處。可由這些地方窺見與迪坦斯和幽谷完全不同的設計思想。附帶一提，駕駛艙位於頭部，正面的紫色區塊為艙蓋所在。

◀臂部僅確保了能作為AMBAC肢體使用的最低限度功能，屬於手指可直接設置在手背上的機構，變形為MA形態時，手背護甲會直接蓋住手腕。

以密集陣形戰法為原則的重火力主義

受限於脆弱的機體構造，不適合進行格鬥戰，武裝也因此著重於火力。主武裝為與主體直接連結的連結式光束砲，以及背部組件前端的光束槍。

連結式光束砲

▶卡薩C主武裝為直接與主體連結的長砲管型MEGA粒子砲。在變形為MA形態時則是會固定在背部組件上。

光束槍

光束軍刀

▲在背部組件前端左右兩側備有短砲管型的MEGA粒子砲。這樣武裝只有在MA形態時能使用，不過亦可與連結式光束砲齊用。

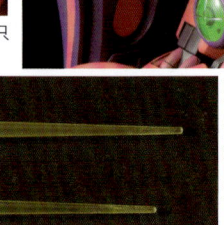

各備有1柄光束軍刀的機體，但畢竟是不適合格鬥戰的機體，所以這項武裝沒什麼表現的機會。

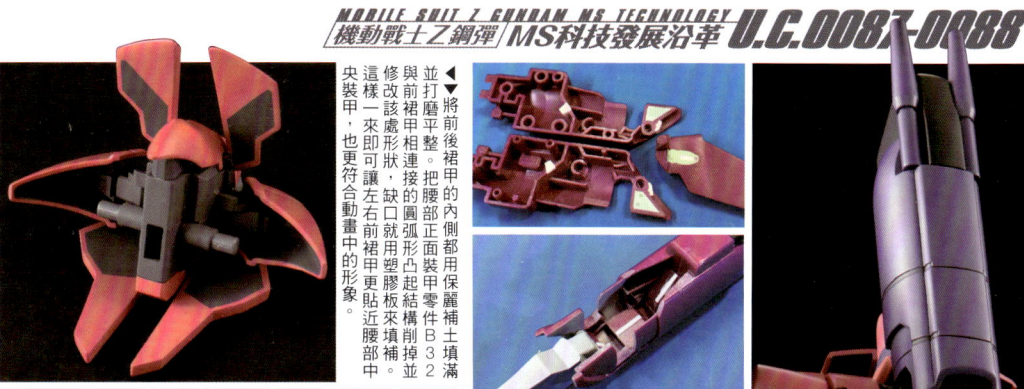

機動戰士Z鋼彈 MS科技發展沿革 U.C.0087-0088

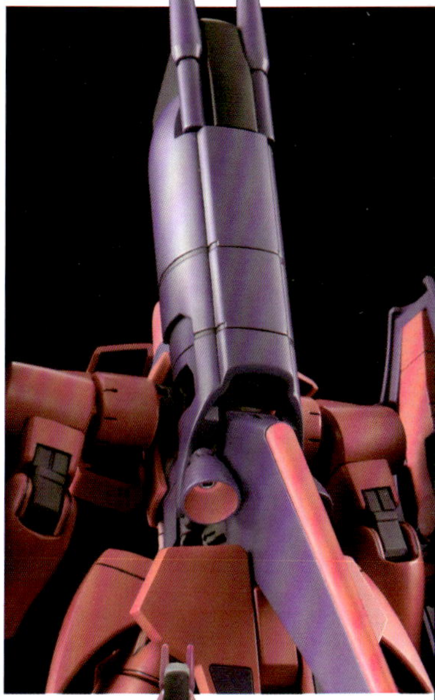

▲◀以動畫中的圖像為參考，在胸部感測器裡頭埋入鉚釘零件並分色塗裝，透明零件也稍微噴塗了一點透明綠，藉此作為細部修飾。

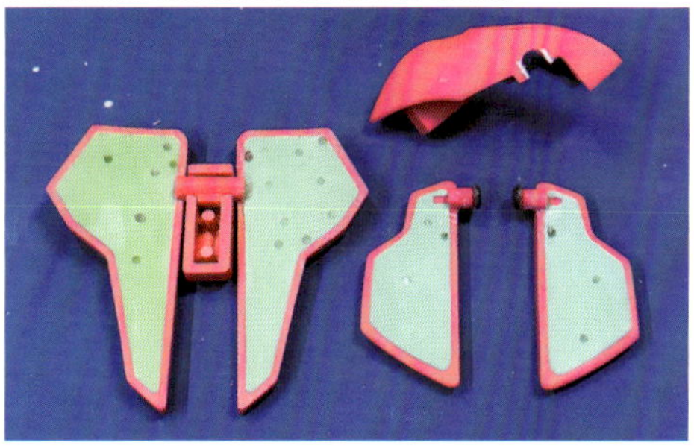

◀▼將前後裙甲的內側都用保麗補土填滿並打磨平整。接著把腰部正面裝甲結構弧形凸起部分用塑膠板來填補掉並削磨平整，即可修改該處形狀。如此一來可讓左右前裙甲更接近腰部中央裝甲，也更符合動畫中的形象。

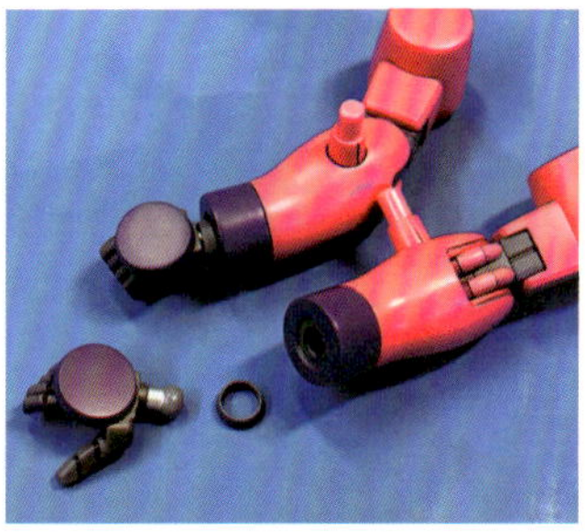

▲利用市售改造零件追加環狀的關節罩來掩飾手腕軸棒。

▲為內部骨架中相當於脊椎的零件C33把側面凹槽用塑膠材料填平。

▲在背部組件方面，將用來與身體相連接的組裝槽削出C字形缺口，即可分件組裝。凹槽部位、平衡推進尾翼的噴射口組裝槽均用保麗補土填平。噴射口也以設定為準，利用塑膠板改為直接設置在推進背包兩側，這部分是等塗裝完畢後再用黃銅線打樁連接。噴射口內部亦利用市售改造零件添加了細部修飾。

▲左右側裙甲連接部位夾組了製作成L字形的塑膠板，藉此掩飾該處的軟膠零件。

▲連結式光束砲是為整體進行無縫處理，並且把零件C8連接部分附近的凹槽給填平。砲口零件也將內部的卡榫削掉，以便分件組裝。由於卡榫削掉後，組裝到砲管上時會產生空隙，因此要記得事先在砲管這邊黏貼墊片，確保砲口與砲管能穩定地黏合在一起。

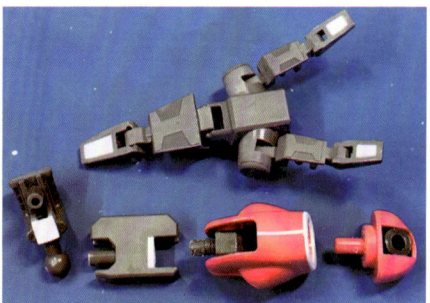

▲將大腿從接合線和頂部各增厚0.5mm，膝蓋的零件C1也從與大腿相接處墊厚約1mm加以延長。鉤爪底面的凹槽、踝關節的空隙均用塑膠材料填平。

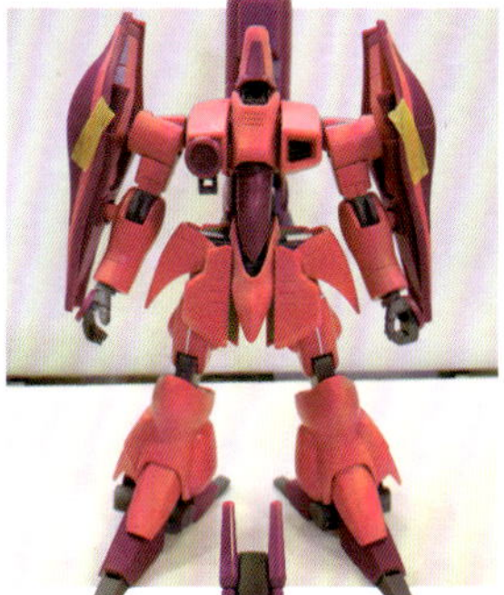

▲修改後的全身照。由照片中可知，在體型方面僅將大腿增寬＆延長，除此以外均維持套件原樣。

這是我在睽違五年後再度經手的鋼彈模型範例，為了掌握形象起見，我先把電影版《戀人們》的DVD翻出來看看最後一幕。將大批出現的場面、配色、哈曼座機的胸部感測器特寫畫面等內容都仔細確認過一輪後，我才從試組著手。

■關於製作

首先是迅速地將所有零件組裝完成，藉此評估有哪些需要加工的部分。第一個注意到的，就是該把零件B32與左右裙甲相銜接的基座給削掉，這樣才能呈現與設定中相近，裙甲與腰部中央裝甲之間幾乎毫無縫隙的狀態。光是這樣做就能讓正面給人的印象顯得更為精緻。除了腰部一帶之外，側裙甲基座也會整個暴露在外，因此拿0.5mm塑膠板製作了遮擋住軟膠零件用的關節罩。

以試組過後的印象來說，腿部顯得短了點，而且只有大腿看起來比較瘦。因此將大腿從接合線和頂部用0.5mm塑膠板分別增厚，膝蓋零件C1也在與大腿相接處黏貼1mm塑膠板加以延長，藉此讓腿部整體共計延長了1.5mm。

由於背部組件得將用來與頸部相連接的零件C34夾組在其中，因此為了便於塗裝起見，範例中將內部的組裝槽削出C字形缺口，使這裡能分件組裝。接著是將套件中設計成直接裝設在平衡推進尾翼上的噴射口換成製作家零件HD「1/144 MS噴射口01」圓錐形，藉此作為細部修飾。不過這部分並未使用原有的內部零件，而是改為黏貼形狀相似的鉚釘。最後則是將前述噴射口藉由用黃銅線打樁改為裝設在背部組件上，使這部分能更符合設定。

在《戀人們》劇末哈曼透過MS對卡密兒等人說話的場面中，可以看到胸部感測器裡有類似鏡頭的東西在不斷移動位置。因此範例中在內部追加了鉚釘零件和細部結構，以便營造出隔著透明零件看內部時好像有那麼一回事的模樣。

■關於塗裝

儘管動畫中的配色看起來色調相當深，但為了避免顏色深到像是一整團色塊，範例中選擇將顏色調得稍微明亮點。

用暗灰色入墨線後，骨架部位用消光透明漆噴塗覆蓋，外裝零件則是用半光澤透明漆噴塗覆蓋，藉此整合各部位的光澤度，這樣一來就大功告成了。

主體粉紅＝舊鋼彈專用漆 粉紅（1）＋白色、螢光粉紅少量

主體紫＝EVA夜晚紫＋透明紅、螢光粉紅少量

動力管＝EVA粉紅＋中間灰少量

骨架灰＝中間灰＋白色極少量

黑＝中間灰V

黃＝RLM04黃色

這是我第一次製作卡薩C，變形時除了手掌以外都無須替換組裝即可重現。看了電影版中動起來的畫面後，讓我很想將它與哈曼的卡薩C和丘貝雷並列陳設呢。

吉村晃範（JUNE ART PLANNING）

擅長製作從機械題材到美少女模型等各種範疇的角色套件。是一位作工備受肯定的全能模型師。

BELONGING: AXIS
MODEL NUMBER: AMX-004
MODEL NAME: QUBELEY

阿克西斯的象徵

BANDAI SPIRITS 1/100 scale plastic kit
"Master Grade"

AMX-004 QUBELEY

modeled & described by Meister SEKITA

藉由為優美的機體施加珍珠質感塗裝
營造出更為高貴典雅的氣息

丘貝雷乃是根據舊吉翁公國軍一年戰爭時期著名機體「新人類專用MA艾爾美斯」的設計概念轉為研發MS而成。不僅有著宛如艾爾美斯般的優雅輪廓與曲線美感，還配備了由腦波傳導型兵器BIT發展所成的感應砲等特色，可說是在U.C.0087重獲新生的艾爾美斯。這件範例乃是由不斷窮究塗裝表現之道的鋼彈模型尖兵，亦即首度在本期刊登場的尖兵關田擔綱製作。改良套件的外形自然是不在話下，他更巧妙地發揮優美的珍珠質感塗裝表現，藉此讓作為新生吉翁象徵的丘貝雷能顯得更為高貴典雅。

AMX-004 丘貝雷
BANDAI SPIRITS 1/100比例 塑膠套件
"MG"

製作·文／**尖兵關田**

U.C.0088
殖民地雷射砲攻防戰

面對藉由漩渦作戰成功取得殖民地雷射砲控制權的幽谷，迪坦斯與阿克西斯艦隊決定發起以破壞殖民地雷射砲為目標的攻擊行動。3大勢力就此陷入混戰。帕普提瑪斯·西羅克駕駛的THE-O，以及哈曼·坎恩駕駛的丘貝雷也陸續親自前赴戰場。格里普斯戰役終於邁入展開最後決戰的時刻。

097

AMX-004 丘貝雷

格里普斯戰役首見的腦波傳導系統搭載機

隨著成功縮小腦波傳導系統的尺寸，丘貝雷成為了格里普斯戰役中第一架能操控無限遙控式攻擊終端裝置「感應砲」的機體。背部的感應砲武器櫃內共收納有10具感應砲。在哈曼本身的新人類能力相輔相成下，使它成為了格里普斯戰役最強機體之一。

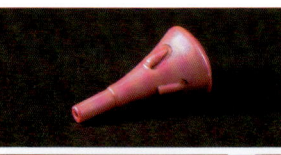

◀▼感應砲與艾爾美斯的BIT在形狀上有著很大差異。整體輪廓正如英文原名「funnel」字面上所示為漏斗狀。

感應砲BIT

臂部

◀▼前臂處備有光束軍刀，在收納於該處的狀態下也可直接作為光束槍使用。

AMX-004 丘貝雷
BANDAI SPIRITS 1/100 比例 塑膠套件
"MG"

製作・文/尖兵鬪田

▲ 丘貝雷的駕駛艙位於胸部。先將胸部艙蓋往上掀開，再將方形艙蓋往下掀開後，即可看到駕駛艙。

BELONGING: NEO ZEON
MODEL NUMBER: AMX-004
MODEL NAME: QUBELEY

▲▼左右兩側肩部平衡推進翼是形成丘貝雷獨特輪廓的關鍵所在,這部分不僅能發揮AMBAC的功能,每一片的內側還各備有3具推進器作為主要推進機關。肩部平衡推進翼更能靈活地調整角度,在電影版中甚至出現過全部折疊成90度,藉此整個遮擋住臂部的優美飛行場面(可惜MG套件受限於可動範圍的問題,沒辦法重現這點)。

MOBILE SUIT Z GUNDAM MS TECHNOLOGY
機動戦士Z鋼彈 | MS科技發展沿革 **U.C.0087-0088**

101

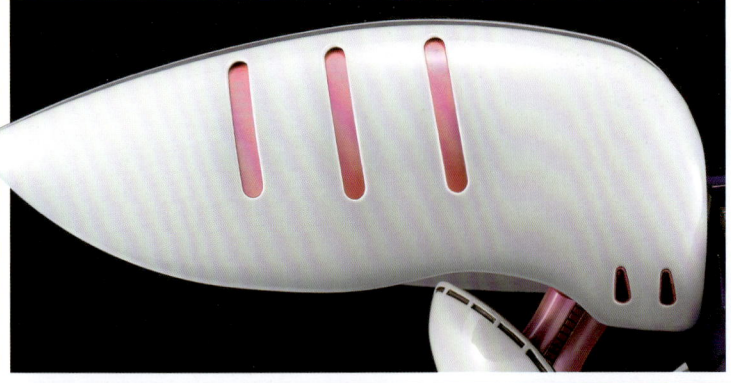

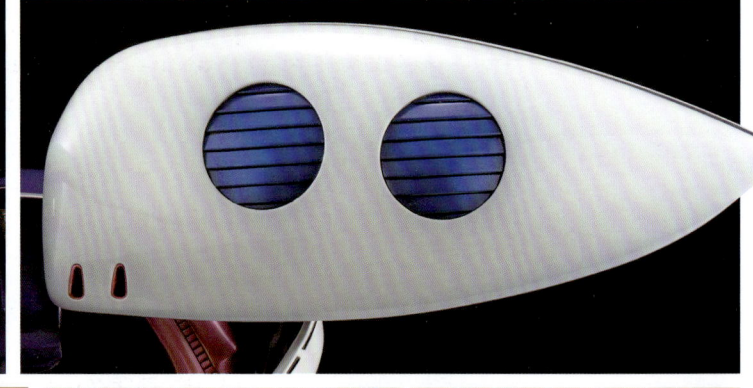

BELONGING: NEON

MODEL NUMBER: AMX-004

MODEL NAME: QUBELEY

▲對頭部進行削磨以凸顯出頭頂的稜邊。嘴喙部位也修整得更具銳利感。胸部亦垂直地分割為兩半以縮減寬度。由於胸部分量足以大幅左右丘貝雷整體給人的印象，因此希望今後打算製作的玩家能將這點銘記在心。粉紅色的裝甲則是配合胸部區塊縮減寬度後，再藉由黏貼塑膠板予以增厚。

▲重新打磨修整上臂的面構成，並且把袖口的輪廓削磨得更具銳利感。

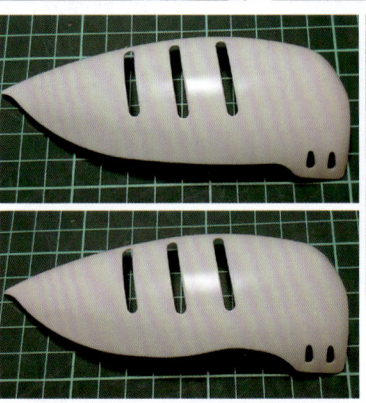

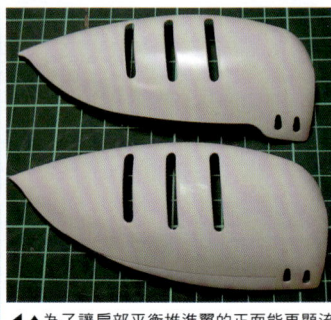

◀▲為了讓肩部平衡推進翼的正面能更顯流暢且華美，因此經由削磨調整下襬的線條來凸顯這點。背面下襬也比照設定圖稿藉由黏貼塑膠板修正成沒有轉折角的流暢相連線條。

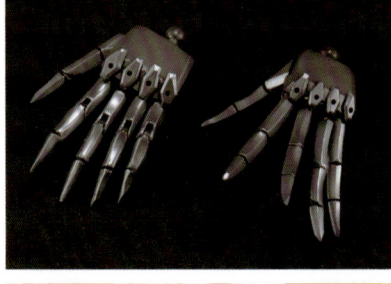

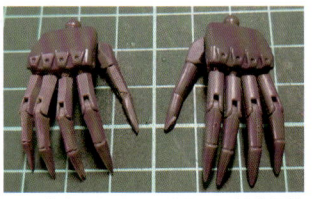

◀▲將指頭的截面形狀從圓形削磨調整成六角形。另外，位於指頭根部的八角形結構則是先整個削掉，再使用塑膠板重製。

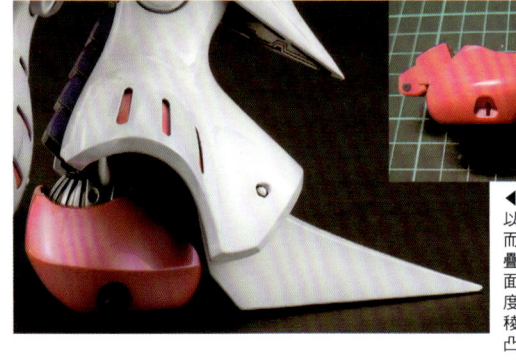

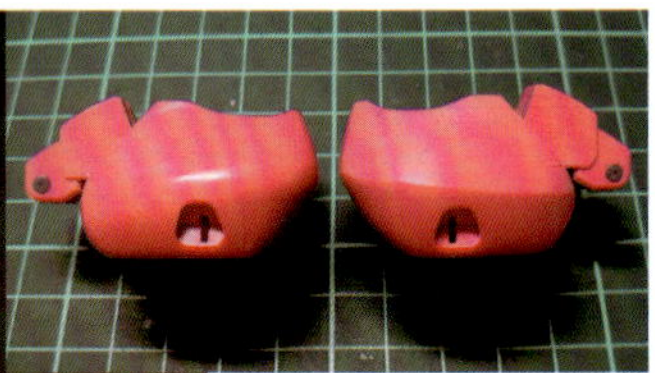

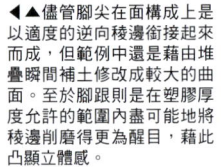

◀▲儘管腳尖在面構成上是以適度的逆向稜邊銜接起來而成，但範例中還是藉由堆疊瞬間補土修改成較大的曲面。至於腳跟則是在塑膠厚度允許的範圍內盡可能地將稜邊削磨得更為醒目，藉此凸顯出立體感。

BANDAI SPIRITS 1/100 scale plastic kit "Master Grade"
AMX-004 QUBELEY
modeled & described by Meister SEKITA

■關於製作
各位好，我是這次有幸擔綱製作丘貝雷的尖兵關田。MG丘貝雷是在2001年8月問世的。儘管已歷經了20多年的歲月，但這款套件一開始就是在無損於本身獨特造型的魅力和分量感下設計而成，使得它至今仍被譽為MG系列初期的傑作之一。為了製作MG丘貝雷這款本身就很優秀的套件，我大致擬定了「保留套件本身的出色素質」，以及「施加講究於營造出優美格調的珍珠質感塗裝」這兩個主題。因此我並未施加大幅度修改，僅依據個人喜好修飾一些小地方，採取致力於塗裝的基本方針進行製作。

■體型均衡性
如同前述，套件本身的體型設計得相當不錯，範例中也就以盡可能地維持原樣為前提，但我也仍希望能追求心目中的理想樣貌。因此我便以僅縮減胸部區塊寬度的方式施加修改。我在製作人型機體時向來認為只要適度調整頭部、臉孔、胸部、肩甲的尺寸大小與相對位置，即可大幅左右「帥氣感」與「強悍感」，但這次為了以最低限度的作業完成調整，我選擇修改胸部區塊的分量。

■調整面構成
這是本範例的難關之一。鋼彈模型在這十多年來進步最多的部分之一，就屬面構成這個領域了。以鋼彈模型在立體曲面這部分的表現力來說，在歷經AGE系列、鐵血孤兒系列後，已經有了截然不同層次的進步，只要能設法做到更接近那個境界的程度，原本各部位就具備出色均衡性的MG丘貝雷必然會顯得更加帥氣，因此我基於這份確信，我對各裝甲零件的形狀加上了修改。

我腦海中浮現的參考藍本，源自2000年代後半起常見的汽車外形設計。亦即並非運用和緩的曲面來銜接各個面，而是以利用稜邊來銜接各個曲面為基本原則。經由這道作業替全身的流暢曲面添加稜邊作為點綴後，應該能令作品給人更具立體感的印象才是。

■在形狀上特別講究的部分
儘管肩部平衡推進翼的設計令人印象深刻，但範例中在正面平衡推進翼的下襬輪廓中融入了S字形線條，藉此進一步凸顯出其流暢華美的形象。另外，就設定圖稿來看，背面平衡推進翼的下襬輪廓其實並沒有轉折角才對，但不僅只有1/220套件正確地做出了這個形狀，近年來的範例也未曾有人重現這點，因此我決定刻意反其道而行，把這個部分給做出來。

修改手指形狀也是這件範例的課題之一。儘管套件中的手掌設計得很有分量，形狀也很有立體感，但為了能進一步賦予韻味起見，範例中逐一將每根手指的截面從圓形削磨成六角形。尤其是手背

102

講解尖兵關田派的珍珠質感塗裝法

接下來將以外裝零件的白色、骨架等處的機械色為題材，說明尖兵關田派的珍珠質感塗裝流程。

白色

雖然本次主題在於藉由施加優美的珍珠質感塗裝，凸顯出丘貝雷那流暢且華麗的輪廓，卻也得致力於營造出具有厚重感和深邃層次感的表現。

▲白色塗裝第1層／自行調配出的藍紫色＝色之源菁色＋色之源洋紅＋GX冷白＋＋GX超亮黑
想要營造出純白的珍珠質感表現，就得選用高彩度的藍紫色作為底色。以灰色系為底色的話，噴塗珍珠漆層後看起來恐怕只會像是銀色的，況且這種底色在攝影棚燈搭配照明燈下不會呈現帶黃色調的米白色，再加上還能作為後續數層塗裝的陰影色，因此才會選擇這種顏色。

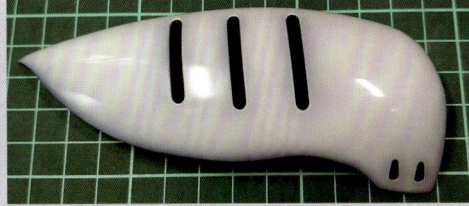

▲白色塗裝第2層／GX冷白
底色噴塗完畢後，選用白色作為光影塗裝的高光色。此時要控制好讓面的中心能明亮點，而且要讓呈現模糊暈染風的稜邊部位可以隱約透出底色。由於在這個階段營造出的對比（明暗差異）足以大幅左右完成後給人什麼印象，因此一定要藉由試噴掌握住自己希望呈現的陰影幅度。

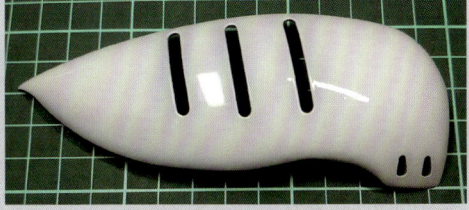

▲白色塗裝第3層／GX超級透明漆Ⅲ＋GX冷白
利用為透明漆加入白色調出的乳白色透明漆噴塗覆蓋住，呈現了近乎白色的模樣。在此同時也令表面呈現亮晶晶的光澤狀態，為之後重疊塗珍珠漆層所需的反射粒子工整排列做好了準備。其實在這個階段就已經呈現如同白色瓷器般高雅的白色，視個人喜好而定，也可以選擇就此結束塗裝。

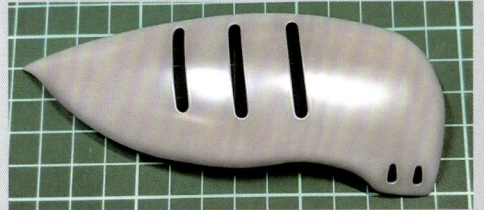

▲白色塗裝第4層／雲母堂本舖鈊珍珠漆
接下來要用珍珠白噴塗覆蓋。直到第3層都是在營造具有層次感的白色表現作為底色，這樣才能表現出既具有透明感又能給人複雜印象的珍珠質感面。由於一路噴塗到第3層已經形成了相當紮實的漆膜，因此接下來在著重於讓珍珠粒子能平均地排列工整之餘，亦只要薄薄地逐步進行噴塗，直到為整片零件上滿珍珠漆即可。

▲白色塗裝第5層／GX超級透明漆Ⅲ＋GX冷白
為第3層使用過的乳白色透明漆補充透明漆，調成白色成分較少的乳白色透明漆來噴塗覆蓋，藉此讓珍珠漆既能呈現模糊地反射光芒，又不至於整個抵銷掉。這樣一來不僅能降低珍珠漆的粒子感，還能轉化為光滑的質感。接下來只要進一步由用透明漆噴塗覆蓋來營造出光澤感，這部分的塗裝就完成了。

▲以相同工程塗裝完成的膝裝甲與腳尖。

骨架色

起初為了究竟是該追求整體的一致感選用金屬灰，還是用一般灰色來襯托出外裝甲部位的色澤而煩惱許久，幾經苦思後決定選用金屬灰。畢竟這樣一來也能讓形狀經過修改的手指顯得格外好看，因此在這方面花了比平時更多的功夫，力求營造出優美的反射效果。

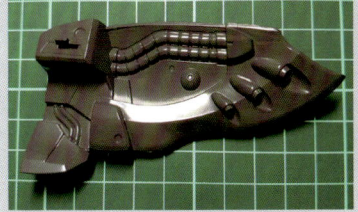

▲骨架色第1層／GX冷白＋超亮黑＋色之源菁色＋色之源洋紅
先調出比一般底塗灰更深的紫羅蘭灰，然後謹慎地塗裝直到呈現光澤感。這個階段要是選用了市售的消光或半光澤灰來塗裝，只會對營造出優美的反射效果造成妨礙，反而得花工多功夫來處理，因此直接選用帶光澤的塗料來調合會更快、更確實。

▲骨架色第2層／第1層的灰＋GX冷白
為第1層的灰加入白色，調出比想像中更明亮些的高光色來施加光影塗裝，藉此凸顯出立體感。之所以要調得更明亮些，原因在於這個顏色會受到較暗沉的陰影色干擾，導致看起來會比只純粹塗裝該顏色時顯得更深。

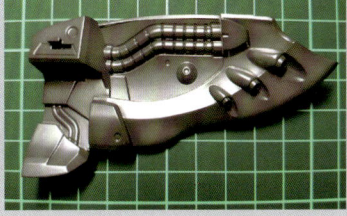

▲骨架色第3層／GX超級透明漆Ⅲ
施加光影塗裝後，呈現暈染狀處會有著細微的凹凸起伏，若是直接重疊塗佈珍珠漆層的話，這些細微凹凸起伏會導致在質感和反射效果方面產生微妙的差異。為了讓漆膜表面的狀態均勻一致，進而獲得優美的反射效果，因此必須先噴塗透明漆層以營造出光澤感。

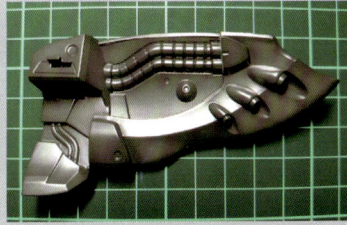

▲骨架色第4層／雲母堂本舖鈊珍珠漆
就像在黑底表面重疊塗佈珍珠白後會變成銀色一樣，在灰色表面重疊塗佈珍珠白後會形成金屬灰。如果在底色階段就是有施加光影塗裝的灰色，那麼陰影的效果也會具體反映出來，呈現具有層次感的金屬灰。

護甲這邊的面設有內圓角，在塗裝珍珠漆層之後會給人更為複雜的印象，我認為這點很重要。如此一來即可增加局部的視覺資訊量，在這件範例中是相當不錯的點綴。這道作業顯然有一定的難度，畢竟非得連著處理十根手指不可，這也使得維持專注力會是關鍵所在。一旦失去專注力，很可能就會誤傷到自己，因此必須適度地休息，然後才繼續進行作業。

■以兼具厚重感與優美為目標的塗裝

儘管這是個人的看法，但我認為想要表現出巨大機器人的強悍和帥氣感時，最重要的在於必須營造出「厚重感」。以具體的塗裝方式來說，就是用明度較低的顏色作為底色，再用較明亮的顏色重疊塗佈，或是像美術界的灰調單色畫技法，以及1990年代後半風靡一時的「MAX塗裝法」一樣，先塗裝作為預置陰影的底色，再經由重疊塗佈其他顏色營造出具有層次感與厚重感的陰影表現，總之就是照這個流程來塗裝。

這件丘貝雷的主要機體色為白色，再加上範例主題之一在於「施加優美的珍珠質感塗裝」，底色也就選用了高彩度的藍紫色。這是我在前往專業攝影師的攝影環境參觀攝影作業後，根據歷來各式實際體驗所做出的結論。攝影師拍攝範例時會使用到的棚燈在色溫方面通常是4500°K左右，屬於帶有若干黃色調的照明，即使是只用白色和黑色調出的中間灰，多半也會被拍成帶著少許黃色調的米白色（當色溫過高時，顏色會像是被抽掉一樣，呈現很不自然的蒼白狀）。因此若是想拍出純白色的影像，就得選用藍紫色作為底色，這樣即可有效地吸收照明中屬於可見光範圍內的黃綠～紅色這段波長，避免拍出來的白色帶有黃色調。關於色彩與光這方面還有許多值得探討和學習之處，但所知所學越多，越是能自由自在地控制拍攝出來的色調。我也是在反覆試誤過程中逐漸學到這些的呢。其他顏色同樣也能藉由底色＆珍珠漆層＆透明漆層的多方搭配來營造出厚重感、深邃感，以及層次感喔。

尖兵關田
在東京鋼彈基地擔任鋼彈模型尖兵的塗裝傳教師。懷抱探究心不斷地摸索著嶄新的塗裝表現手法。

林哲平的
機動模型超級
技術指南

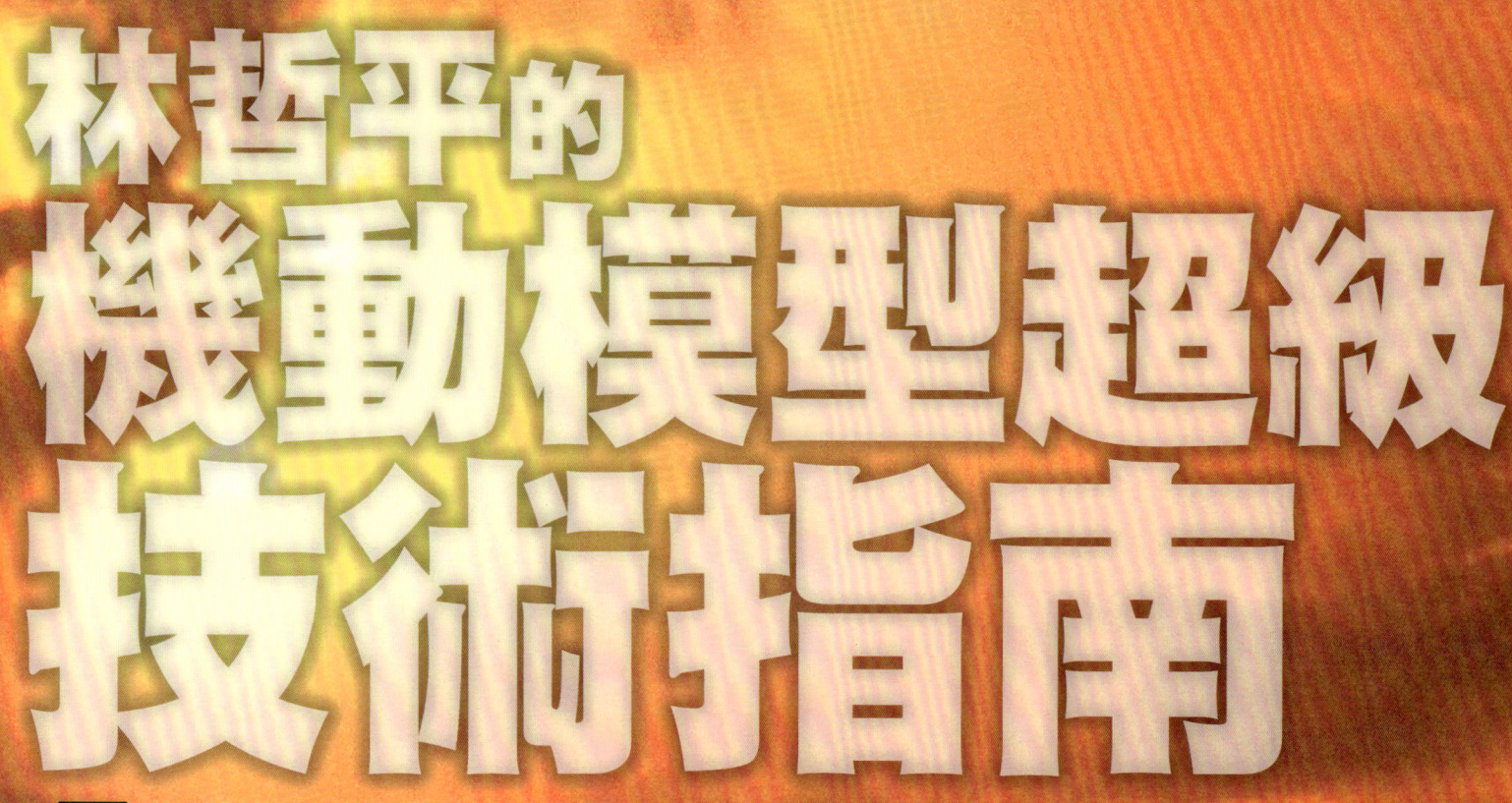

第7回 不使用任何模型零件，
僅運用生活百貨販售商品來製作出
超有分量的小林誠版THE-O！
大人的暑假自由發揮勞作！

看到「全自製」或「拼裝製作」這些名詞時，可能會給人一種非常困難的印象，但說穿了，這些其實只是單純的作業。每個人小時候都曾使用廢棄材料或身邊的物品，隨心所欲地製作東西才對。換言之，大家其實都有全自製和拼裝製作的經驗。現在讓我們回歸童心，利用大人的財力和技術，拿出真本事來做暑假自由發揮勞作，如此一來會製作出怎樣的作品呢？這正是本範例的主題所在。至於製作藍本則是一般來說需要花費巨大成本，而且難以立體化的機體，也就是刊載於角川書店發行的《NEWTYPE 100% Collection 機動戰士Z鋼彈機械篇（1）》封底的小林誠老師筆下插畫「Original GEO 1987」。接下來就請各位仔細欣賞作者這個每天都像在放暑假的職業模型師所呈現的終極暑假勞作！

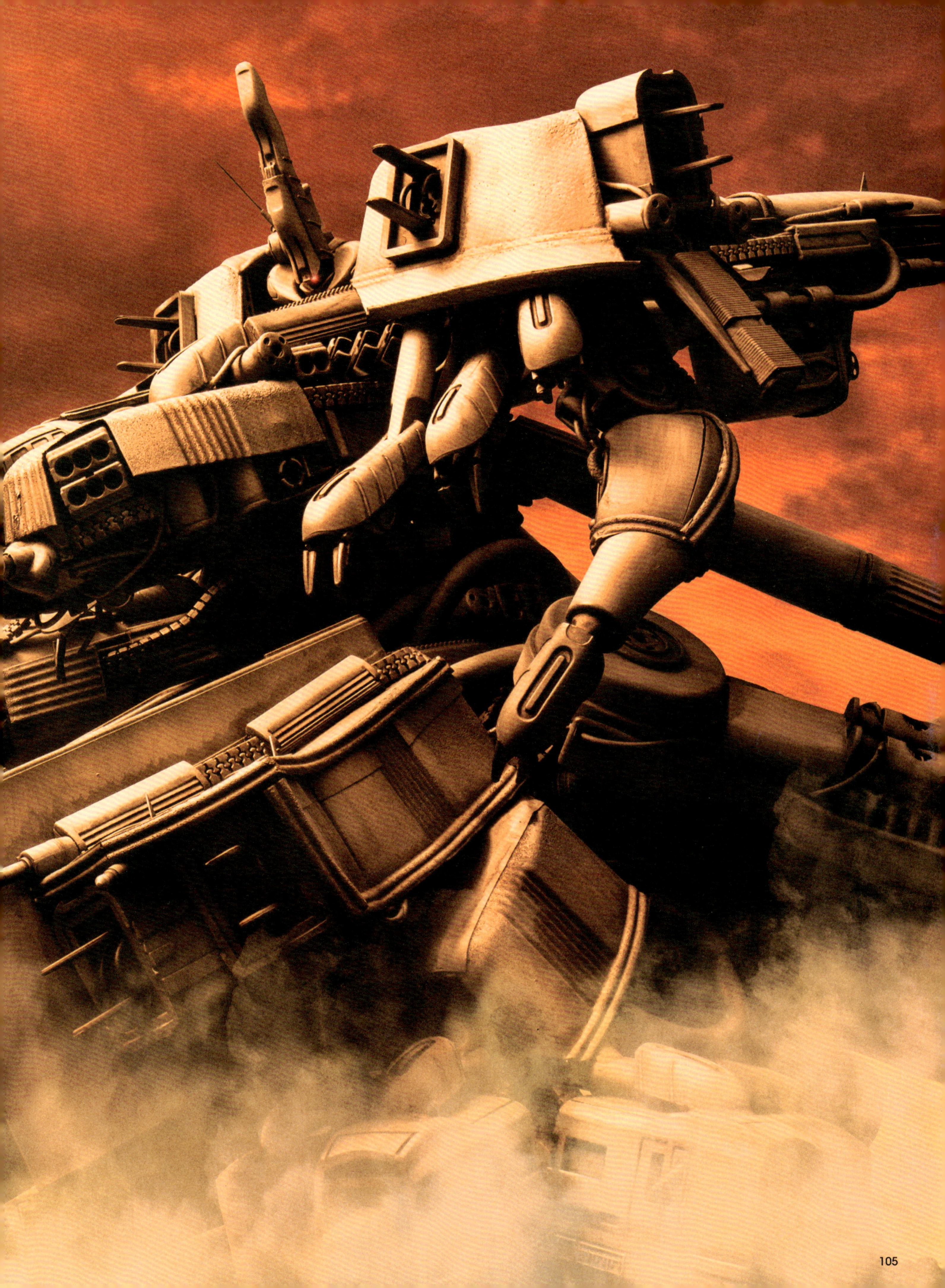

林哲平的機動模型超級技術指南

必備的膠水

▲生活百貨的商品是由ABS、PET樹脂和聚丙烯等各種材料組成,必須使用強度高且能黏合不同材質的AB膠(環氧樹脂系膠水)。本次使用的膠水ALTECO F-05 70g,能在5分鐘內凝固,價格便宜且分量多,非常好用。作業時會用到大量AB膠,選擇這種商品能降低花費。

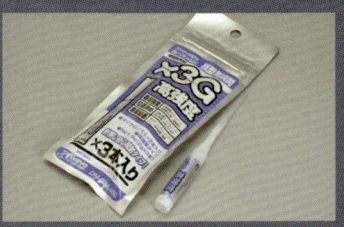

▲使用WAVE製高強度型瞬間膠黏合細小零件。低黏稠度型可能導致某些材質劣化破裂,因此請務必使用高強度型。儘管無法用於需要負荷重量的部位,但能強力黏合各種不同材質,對於後半段的細部結構零件黏合而言,是不可或缺的工具。

方便的生活百貨材料

◀咖哩飯餐盤。在細部結構和形狀上非常出色,將會拿來作為THE-O的外裝。它是用發泡聚苯乙烯材質製成,可以用剪刀輕鬆地進行加工。這種材質對於硝基系溶劑較為敏感,塗上後表面會有如遭到溶解般,因此這次會利用該特質來呈現鑄造痕跡。

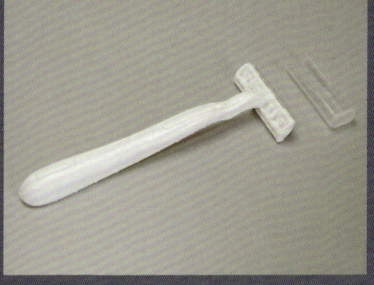

▲拋棄式刮鬍刀。種類繁多,選擇多支包裝方便使用。握柄上的防滑紋具有機械感,適合作為隱藏臂、頭部及機身各處的細部結構。刀刃相當薄,黏合起來即可瞬間變成具備比例模型等級精緻度的寫實進氣口。

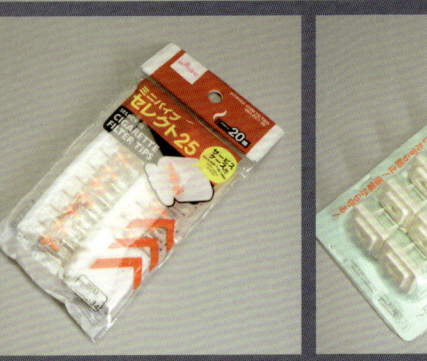

▲香菸濾嘴。為吸嘴部位呈長方形的獨特圓筒狀,很適合作為油壓桿零件使用。有25mm、40mm等多種長度,可以根據需要選擇使用,這是一大優點。一包的數量很多,可以大量使用,讓人省事不少。

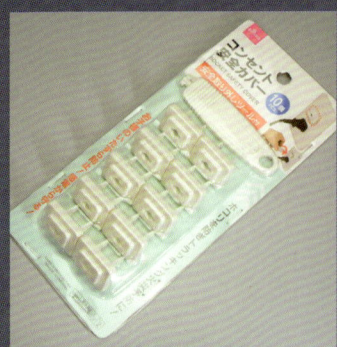

▲插座保護蓋。THE-O的特徵是方形噴射口,但令人意外的是,生活百貨並沒有販售可供模型使用的小型方形零件,因此選擇將它作為推進器使用。插頭部位看起來也像是感測器或整流板,這方面亦很便於運用呢。

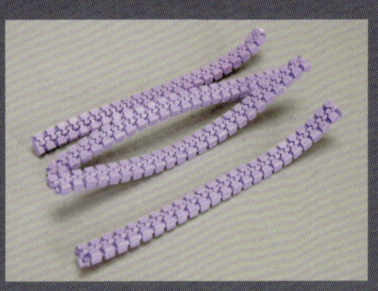

▲拉鍊耳機。這個將耳機一帶設計成拉鍊的創意商品,是作為動力管材料的最佳選擇。拉鍊部分的蛇腹狀結構很適合作為帶狀動力管,耳機線附近則可作為網紋管。耳機本身的造型亦深具機械感,可以靈活運用在各個部位。

01. 製作身體的基礎

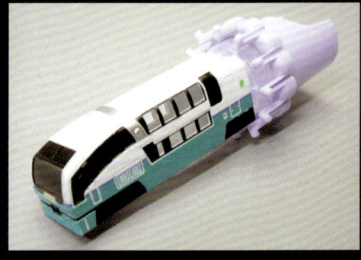

▲先從身體的基礎部分開始製作。編織布偶用的線架有著以曲面為主體,且具有機械感的形狀,以此為基礎,裝上類似PLARAIL系列超景踊子號玩具的外裝零件,製作出身體的基本結構。接著將養樂多瓶的下半部插入線架內作為黏合面,用廢棄框架和木樁並用AB膠固定。

▲線架的材質是聚丙烯,不但韌性高也具有一定的強度,用手鑽開孔需要花費不少力氣。在此選用電烙鐵來熔化材料,挖出打樁固定用的孔。熔化的過程中會產生有害氣體,因此務必要佩戴口罩,並且在保持室內通風良好的情況下作業。

▲從身體開始製作腹部和下半身的基礎部位。在三個開孔處插入5mm的黃銅管,並且用AB膠加以固定。這樣就能像三腳架一樣穩固,不會左右搖晃,確保自由發揮勞作所需的強度。裙甲的內部骨架為金屬配置物架,腰部區塊也使用了踊子號的外裝零件。

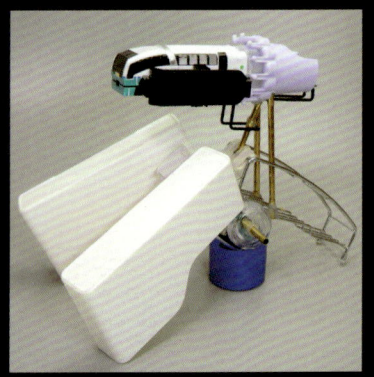

▲這裡使用作者在大創買的筆筒,當時一看到它就覺得「剛好可以作為前裙甲!」而當場買下。黏合筆筒作為前裙甲可收納隱藏管的部分。這樣一來,整體就會一口氣接近「THE-O」的輪廓。

02. 腿部的製作

▲小林誠版THE-O特徵在於由五根推進器構成的腳部。但推進器並非正方形,而是具有柔和曲面的長方形。作者當時在大創逛了一圈,發現類似PLARAIL系列的成田特快玩具最適合,因此左右兩側共計使用了10輛。

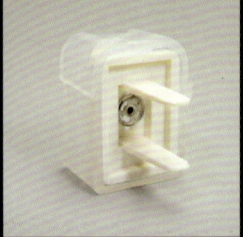

▲對THE-O的造型來說,設置於全身各處的方形推進器是不可或缺的。作者將聚丙烯製三格藥盒的蓋子削掉,然後把插座保護蓋塞入其中製作出了這個部分。只要把按和翻面塞進內側即可作為噴嘴,看起來也很有寫實感喔。

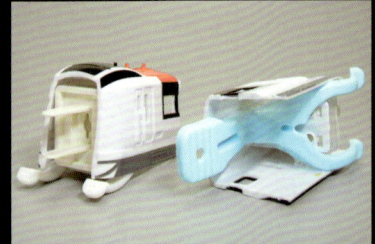

▲將成田特快玩具的外裝零件前後兩側削掉,再裝入拆解開來的大型洗衣夾零件,藉此做成滑橇風格的起落架,然後裝入先前製作的推進器。洗衣夾和藥盒都是不易黏合的材質,因此要使用大量的AB膠來黏合固定。

▲做好10組推進器後,以先前切開的成田特快玩具後側外裝零件為中心,將推進器呈放射狀排列,接著用電烙鐵在對應洗衣夾本身孔洞的位置開孔,然後插入廢棄框架並用AB膠黏合固定住。中心部分還在底面黏貼化妝品盒稍微墊高,讓腳部看起來不至於太扁。

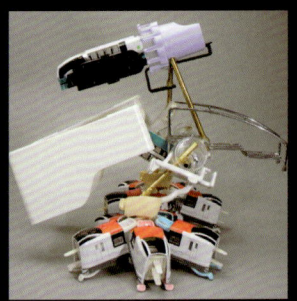

▲完成腳部後,拿5mm黃銅管、拋棄式刮鬍刀和流理台水槽用塑膠袋架組裝出腿部骨架,並且與身體連接起來。添加五趾型的大型腳部後,輪廓又更接近THE-O一步了。先製作出雙腿和身體的基礎部分,使其能夠獨自站立,確保具有高強度,這樣模型就不容易損壞。

106

第7回 | 不使用任何模型零件，僅運用生活百貨販售商品來製作出超有分量的小林誠版THE-O！
大人的暑假自由發揮勞作！

03. 用養樂多瓶製作增裝燃料槽！

▲後裙甲上裝有巨大的增裝燃料槽，這裡試著用養樂多瓶來製作吧。將兩個瓶子上下連接起來，再用牛奶盒包覆空隙部位，加工成有如增裝燃料槽的形狀。牛奶盒是用雙面膠帶固定的。像上方照片一樣貼在兩端，再繞一圈黏貼上去。這裡使用的是Nice Tack製強力型膠帶。

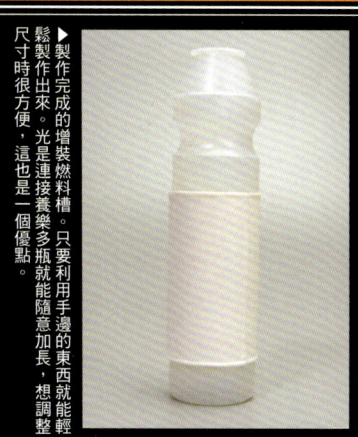

▶製作完成的增裝燃料槽。只要利用手邊的東西就能輕鬆製作出來，光是連接養樂多瓶就能隨意加長，想調整尺寸時很方便，這也是一個優點。

▲將完成的增裝燃料槽固定在主體上。由於是巨大的零件，因此要打樁並用AB膠固定住。調整高度後，要在下方墊著塗裝瓶之類物品支撐，以免位置偏移。

▲配置好增裝燃料槽後，參考夜鶯或沙薩比，製作後裙甲表面的機械部分。筒狀部位使用模型玩家一定會有的筆刀廢棄刀片收納盒來呈現。用過的刀片稍後也能在添加細部修飾時派上用場，因此在黏貼前先割開盒子取出來吧。

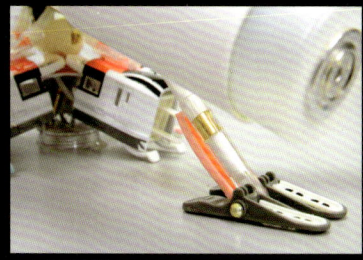

▲起落架是將拆解開的洗衣夾排在一起，結合香菸濾嘴和5mm黃銅管製作而成。黃銅管需留長一點，並且牢牢地黏合固定在主體上作為第三條腿，這樣就能使主體的龐大重量以三點倒立的方式分散，進而提高作品的穩定度。

04. 用咖哩飯餐盤製作外裝零件！

▲將咖哩飯餐盤分割開來，作為外裝零件覆蓋上去。咖哩飯餐盤是用發泡聚苯乙烯製成的柔軟塑膠材料，可以用剪刀輕鬆剪裁。作為基準的後端部分需要一定強度，因此先用雙面膠帶固定在主體上，決定好位置後再用膠水固定住。

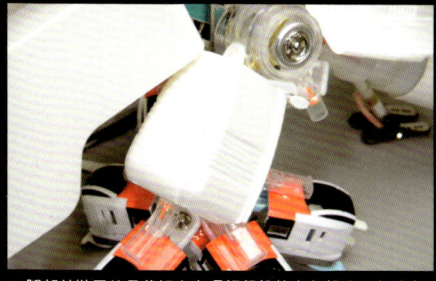

▲腿部外裝零件是裁切自咖哩飯餐盤的中心部分，在縮窄寬度後用雙面膠帶固定，如此便能輕鬆製作出具有THE-O特色的零件。雙面膠帶也能在固定到骨架上時發揮作用，為了讓零件能牢牢地裝設在骨架上，看不見的內側部分要黏貼長一點的雙面膠帶。

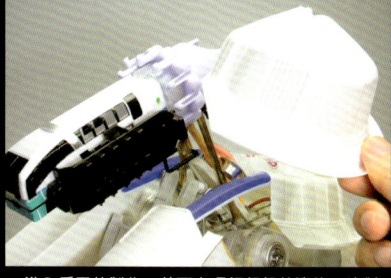

▲進入肩甲的製作。剪下咖哩飯餐盤的邊緣，比對肩部確定造型，看起來無論是細部結構、尺寸和形狀都非常合適。在意想不到的地方找到恰到好處的零件，這也是自由發揮勞作的樂趣所在。

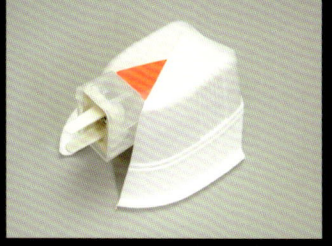

▲製作腿部時產生了大量成田特快車後側零件和推進器零件，利用它們拼裝出肩甲的基座，然後將咖哩飯餐盤做的外裝零件覆蓋上去，即可完成肩甲的基本架構。這部分是先用雙面膠帶黏貼，再用瞬間膠來固定住的。

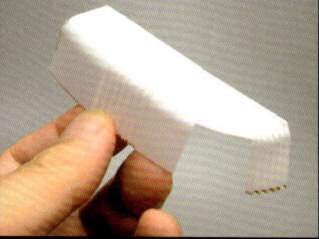

▶▲像這樣將咖哩飯餐盤的邊角剪出缺口，再安裝在身體側面的機械部分上。這裡也是用雙面膠帶搭配瞬間膠牢牢地固定住。由於需要剪裁出稍微有點複雜的形狀，因此最好多拿幾個咖哩飯餐盤試著製作，再從中挑出做得最好的來使用。

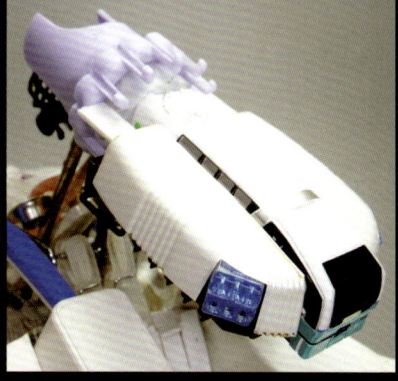

05. 用油性麥克筆製作增裝燃料槽！

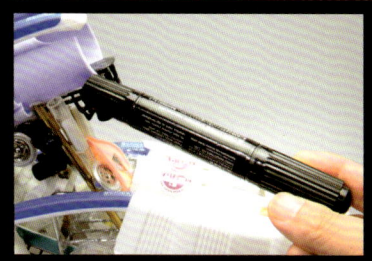

▲小林誠版THE-O背面有凸出兩根細長的增裝燃料槽。作者在大創逛了一圈後，發現粗的油性麥克筆形狀非常適合使用。筆蓋的防滑設計、恰到好處的高低落差結構、貼紙的厚度等特色，全都非常適合用來製作增裝燃料槽。先用電烙鐵強行打孔，再用5mm黃銅管連接到主體上。在這個階段黏上去的話，之後會很難作業，因此先用雙面膠帶暫時固定確認均衡感，等塗裝完畢後再用AB膠固定住。

06. 用點火槍製作平衡推進翼！

▲與動畫版不同，小林誠版THE-O在背部設有巨大的平衡推進翼。為了重現這個部分，範例中試著將折疊式點火槍作為基本零件進行拼裝。大小無可挑剔，但整體形狀較為方正，這樣就跟THE-O整體的和緩曲面形象不太相符。

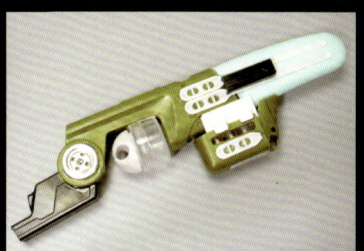

▲在此動用另一份點火槍，將握把後側的曲面部位分割開來拼裝結合，使輪廓能呈現曲面狀。用鋸子進行分割再黏合必然會產生縫隙和高低段差，但只要利用攪拌棒或集線夾為該處添加細部修飾，即可掩飾到幾乎看不出來的程度。

107

林哲平的 機動模型超級技術指南

07. 製作機械手！

▲小林誠版THE-O有許多從肩甲延伸出來的小型隱藏臂。機械手對這部分的整體精密感來說非常重要。機械手也可以用生活百貨的材料輕鬆製作出來，現在就馬上試試吧。首先需要的是訂書針，在此先攝取出三根份。

▲用鉗子折彎成這樣的形狀，這就是手指的關節部分。三根疊在一起的訂書針具有相當強度，即使彎曲也不容易因為金屬疲勞而折斷。

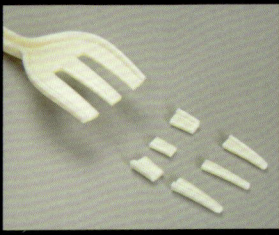

▲再來要製作手指外裝零件。像這樣切斷塑膠叉子，製作成三根手指的零件。切斷時用鉗子直接扳斷即可。即使沒用銼刀打磨，經過舊化處理後，零件的瑕疵也幾乎看不出來。這次的作業以速度為優先。

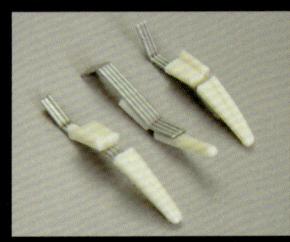

▲用瞬間膠將叉子製外裝零件和釘書針做出的關節黏合起來，如此機械手就完成了。這是參考1980年代的HJ模型師技法「原田指」製作而成。與原田指的不同處在於零件一動就會立刻脫落，因此別忘了這只能用在固定式模型上。

▲將製作好的手指黏在拋棄式刮鬍刀握把後側的圓形擴展部分，並且與40mm裡的香菸濾嘴盒組合在一起，一下子便完成了機械手風格的小型隱藏臂。手指根部還藉由黏貼按扣追加圓形結構，看起來就有「好像能動」的感覺。

08. 製作側裙甲！

▲小林誠版THE-O的側裙甲為楔形。與動畫版完全不同，具有獨特的形狀，在生活百貨中幾乎找不到可以直接使用的商品。看過各種商品後，感覺削皮器的形狀最為接近，故決定以此為基礎進行製作。

▲由於內側是空心的，因此需要裝飾零件來填補。拆下刀刃的部分用圓形的女性化妝盒填補，並且將香菸濾嘴盒黏貼在背面。握把內側則是將塑膠髮夾拆解開來製作成肋骨架。接著還並排裝上兩個集線夾來營造出戰車的風格。

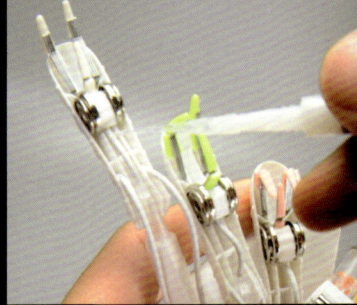

▲製作像小林誠版THE-O這類1980年代的原創MS時，大量配線是不可或缺的元素。使用便宜的耳機線，即可取得大量的膠皮電線。用斜口剪裁切成適當長度後插入縫隙，然後用瞬間膠固定即可。

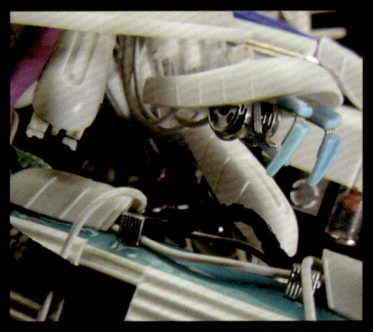

▲裝上管線的隱藏臂。精密的手指與電線的結合，使其看起來像是隨時會動起來一樣栩栩如生。由於不是拿模型專用材料來製作，因此自由發揮勞作很容易留有縫隙或空間，能快速填補縫隙，呈現出寫實感的配線，可說是必備的技術之一呢。

09. 窮究自由發揮勞作！

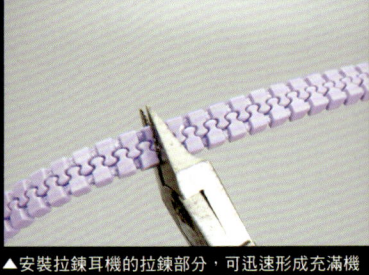

▲安裝拉鍊耳機的拉鍊部分，可迅速形成充滿機械感的帶狀動力管。加上外形像蛇腹狀結構，細部的密度也很高，裝上去就能提升真實感。先讓兩側咬合在一起，再拿斜口剪直接剪斷即可。剪下來後就用瞬間膠黏在主體上吧。

▲用拉鍊部位設置管線後的腿部骨架。由於是帶狀的，因此需要考量「零件在這條動力管拉扯和收縮的情況下會如何移動」這一點。相較於純粹地填塞，這樣的造型會更具說服力。

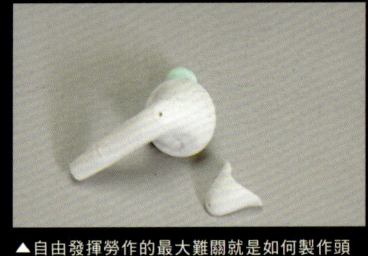

▲自由發揮勞作的最大難關就是如何製作頭部。可以作為MS臉部的細小零件意外地少，但決定成品好壞的面罩部位需要小巧精緻的零件，在此將耳機彎曲程度較適用的部分裁切下來使用。

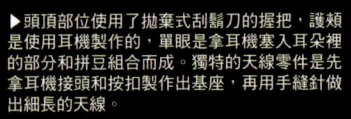

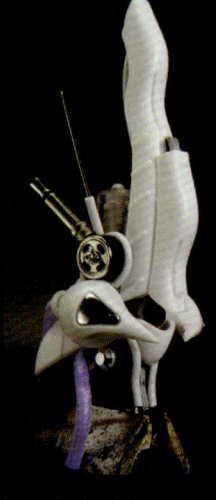

▶頭頂部位使用了拋棄式刮鬍刀的握把，護頰是使用耳機製作的，單眼是拿耳機塞入耳朵裡的部分和拼豆組合而成。獨特的天線零件是先拿耳機接頭和按扣製作出基座，再用手縫針做出細長的天線。

◀小林誠版THE-O的右手臂是類似SF3D SAFS的固定式武器臂。這是拿點火槍加工做出基礎。為了容納長砲管，因此用斜口剪破壞內側，以便騰出較大的空間。使用金屬加工鋸即可輕鬆地以手工方式切斷金屬砲管。

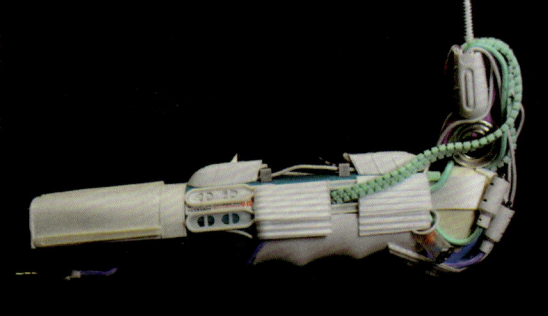

◀完成的右手臂。為了與左臂的細部結構風格一致，因此用牛奶盒和咖哩飯餐盤遮蓋縫隙加以修飾。想當然，右臂會比左臂來得重，需要更大的力量才能活動，也就在這裡多裝了一些拉鍊動力管。砲口直接使用了點火槍的消焰器。由於是很實用的形狀，因此製作出來的效果非常寫實精緻。

第7回｜不使用任何模型零件，僅運用生活百貨販售商品來製作出超有分量的小林誠版THE-O！
大人的暑假自由發揮勞作！

▶左臂的上臂是使用一體成形的洗衣夾，前臂則是拿淚滴型牙刷盒和點火槍的噴嘴基座保護套拼裝而成。還利用拉鍊、電線和網紋填補隙縫，更以不淪於單調為前提，拿裁切細條狀的咖哩飯餐盤添加細部結構。上臂與作為武器臂的右臂為相同設計，提高了整體感。

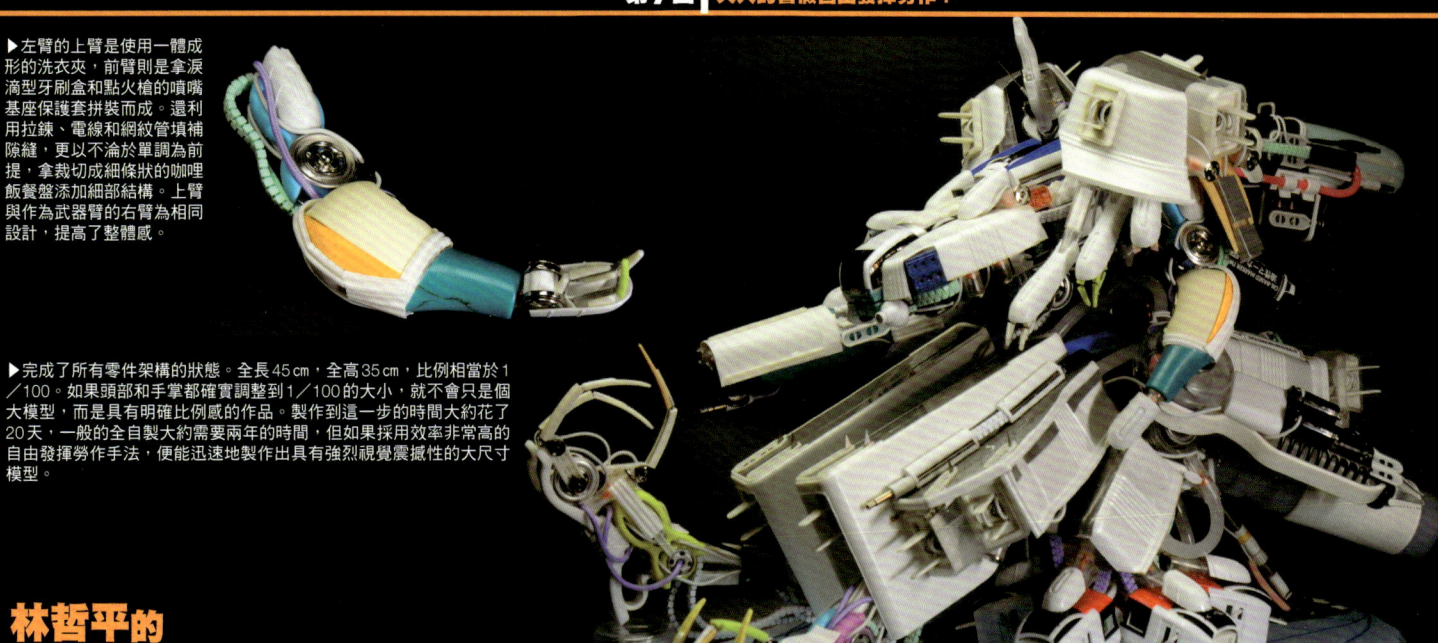

▶完成了所有零件架構的狀態。全長45㎝，全高35㎝，比例相當於1／100。如果頭部和手掌都確實調整到1／100的大小，就不會只是個大模型，而是具有明確比例感的作品。製作到這一步的時間大約花了20天，一般的全自製大約需要兩年的時間，但如果採用效率非常高的自由發揮勞作手法，便能迅速地製作出具有強烈視覺震撼性的大尺寸模型。

林哲平的
機動模型超級
技術指南

10. 1980年代科幻機體塗裝法！

◀自由發揮勞作使用到了聚丙烯、金屬、橡膠等一般模型漆無從塗裝的材料，因此在塗裝前必須先對整體噴塗打底漆，以便讓塗料更容易附著上去。這次是拿汽車用超強力打底劑—Holts製保險桿底漆來打底。

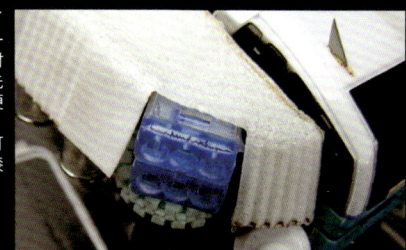

◀咖哩飯餐盤的材質對硝基系溶劑成分較為敏感，噴塗保險桿底漆後，表面會溶解而變得凹凸不平，但換個角度來看，這非常適合1980年代科幻機體的粗糙鑄造風格表現，也能巧妙地和舊化效果融為一體。因此別忘了溶解也是一種技法。

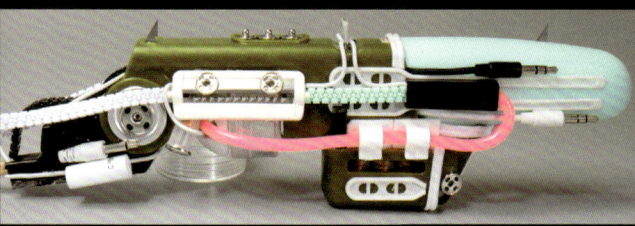

▲自由發揮勞作會用到各式各樣的材料，塗裝前會有許多顏色混雜在一起。為了統一這些顏色，製作出具有重量感的底色，因此要先對整體噴塗Mr.細緻黑色底漆補土1500。這種底漆具有非常高的遮蓋力，只要使用噴罐版，即使是這麼大的模型，也會在一眨眼間整個變成黑色的。

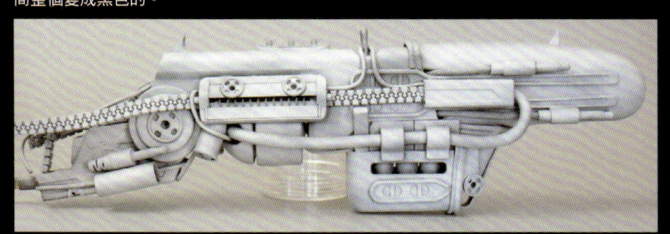

▲接下來是以讓稜邊和陰影部位殘留一點底漆的黑色為前提，將Mr.細緻底漆補土1500的白色和灰色用1：2這個比例調色後，拿噴筆來塗裝這種較為明亮的灰色。這部分不需要像MAX塗裝那般嚴謹，只要塗得有那麼一回事就沒問題了。

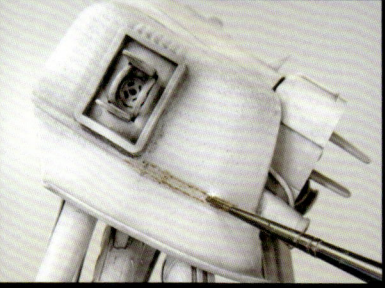

▲用Mr.舊化漆的多功能灰+多功能黑+少許鏽棕色調出的灰色塗佈在整體上，再用面紙擦拭進行水洗。接著是經由噴塗超級消光透明漆讓整體呈現消光質感後，拿Mr.舊化漆的鏽棕色和地棕色來調色，以便對細部結構施加定點水洗。

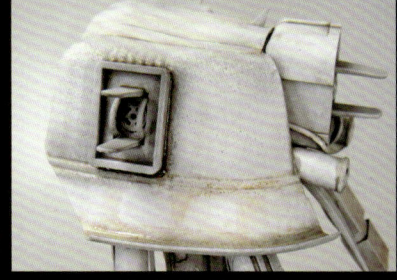

▲施加定點水洗後的狀態。只需為灰色加入棕色作點綴，便能大幅提升寫實感。棕色的色調過強會顯得很髒，所以在調配舊化用顏色時，應多加入一點溶劑稀釋，以能夠呈現稍加點綴的感覺為佳。

▲用噴筆在推進器上添加排氣焰造成的煤灰類污漬。要讓這部分看起來逼真，首要重點就是別塗成全黑的。真正排氣所造成的污垢並非全黑，畢竟排氣薄薄地覆蓋的部分通常是帶有棕色的煤灰。因此最好先噴塗棕色，再噴塗往中心部分漸變為黑色的模樣，像這樣形成漸層效果會比較好。塗料中則是要加入消光劑，以免產生光澤。

109

林哲平的機動模型超級技術指南

110

第7回　不使用任何模型零件，僅運用生活百貨販售商品來製作出超有分量的小林誠版THE-O！
大人的暑假自由發揮勞作！

利用生活百貨販售商品完成的全自製模型 THE-O

■ 超簡單的自由發揮勞作

正如開頭所提到的，這件THE-O是每個人在童年時期都曾經歷過的暑假自由發揮作業的延伸，而這種技法其實比看起來還要簡單得多。體積龐大且充滿魄力，或許有人會覺得「居然沒用到半個塑膠模型零件也能做出這樣的東西！」，但正是因為沒有使用塑膠模型零件，才能如此輕鬆地製作出這樣的作品。不必像塑膠模型那樣花功夫進行表面處理，或者費盡心力用補土削切形狀或雕刻細部結構。只要像這樣將現有物品不斷黏貼上去就好，需要用到的黏著劑也僅有膠水，而不是技術。塗裝也不必像鋼彈模型那樣需要拆開零件，而是直接對一整個區塊進行塗裝就好，完成速度非常快。因此，這種手法特別值得推薦給工作繁忙、製作時間有限的成人模型玩家。

■ 經常去生活百貨逛逛

在生活百貨蒐集材料的訣竅不是一口氣全部買齊，而是根據每道作業和階段分批購買。就算一開始大量購買各式商品，最後也會剩下一堆用不到的材料。因此要分階段採購，可以的話最好每天都去生活百貨一趟。大型生活百貨有很多連店員都記不清楚的商品，每次逛都會發現新的材料，使得建構的可能性隨之擴大，每逛一次商店都能加深對商品的理解。此外，這次的材料有95%是來自大創，而Seria和Watts等其他生活百貨也有不同的商品，可以帶來新的發現。

■ 灰色非常適合THE-O

這次最讓作者傷腦筋的就是塗裝。該按照原插畫的黃土色，還是選擇能夠快速呈現寫實感的迷彩塗裝？作者重新回顧過去各種THE-O的範例，最後還是認為在Model Graphix模型專輯《GUNDAM WARS PROJECT Z》（大日本繪畫發行）中，設計師小林誠老師親手製作的THE-O最為帥氣。該範例是全身塗成充滿陽剛氣息的灰色，充分展現出THE-O的重量感和巨大感，彷彿活生生的鐵塊般，超越了MS的存在感，散發出十分驚人的氣場。無彩色的灰色是最容易辨識立體物形狀的顏色，作者認為非常適合用來傳達本範例的主旨，亦即運用生活百貨販售商品進行拼裝的自由發揮勞作之樂。

■ 全世界都是模型店

現今的模型店和玩具店比以往式微許多，幾乎沒什麼機會親自去實體商店購買模型，然而日本各地都有生活百貨。用自己的眼睛評估、挑選和組裝零件，對自由發揮勞作來說，世上萬物都是模型的材料。無論是家裡、超市、便利商店，甚至路邊，任何地方都可以是模型店，各位不覺得這是很棒的一件事嗎？大家不妨回想起當小學生時的心情，好好享受製作模型的樂趣♪

林哲平

在《HOBBY JAPAN月刊》上相當活躍的HOBBY JAPAN編輯成員。在月刊上也是擴網圖解製作指南之類的單元，製作範例的本事正如本單元所示。另外，亦精通製作各種領域的模型。

週休二日就能做到此等境界！

櫻井信之的

第7回　1/24 回到未來 迪羅倫時光機 PART I

為了諸多欠缺自由運用時間的社會人士，職業模型師櫻井信之要介紹既省時又能做出精湛作品的技法！這次要以在電影《回到未來》中登場的迪羅倫時光機為主題。該如何製作這種既是在科幻作品中登場，又可以視為比例模型的套件呢？且看櫻井信之如何在製作與塗裝雙方面追求精湛表現。

1/24 回到未來 迪羅倫時光機 PART I
這款套件可選擇製作成搭載鈽原子爐版，或是在最後一個場面中登場的搭載「融合先生」版。當然也能重現飛行模式。

STEP 1　削掉細部結構　3小時

迪羅倫時光機在外裝上設有得以進行時光旅行的機械，這些器材是由複數顏色的配線相連在一起。雖然以現今的眼光來看，設計上似乎落伍且過於繽紛咸了點，但這正是迪羅倫時光機的特色所在。由於套件中將這些配線都雕刻成凸起狀結構，因此也是無論如何都該添加一番細部修飾的地方。

▲第一眼會注意到的，肯定是車身側面這些配線類的細部結構。儘管這是迪羅倫時光機特徵之一，卻是雕刻成與車身連唯一體的形式。維持原樣的話不僅會顯得欠缺寫實感，想要為這些色彩繽紛的配線逐一分色塗裝也極為費事耗神。而且這道上色作業還是在車身已塗裝完畢的最後階段進行，容不得許失敗。因此乾脆自行重製這類細部結構吧。

▲首先是讓美工刀的刀刃水平貼在車身表面上，藉此逐步削掉這類細部結構。要是美工刀的刀刃稍微立起來一點，刀尖就會抵在車身上，導致刮出很深的傷痕。因此必須非常謹慎地逐步削掉細部結構才行。

▲將細部結構的厚度削到只剩下 0.3mm 左右那麼薄之後，就用 400 號左右砂紙將剩餘的高低落差謹慎地打磨平整。

▲由於車身的成形色為銀色，因此能明顯看出塑膠在射出成形時留下的流痕。受到流痕的影響，相當難以判斷細部結構是否已徹底磨平。在這種狀況下就得從各個角度去多方觀察，以及藉由手指觸摸去辨識高低落差還剩下多少，以便進行作業。要是覺得實在難以辨識的話，噴塗底漆補土輔助辨識也行。

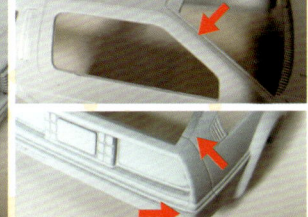

▲擋泥板的拱形部位必須格外謹慎地進行切削，首要重點在於確保能與原有的隆起流暢地相連為一體。另外，在擋泥板前後兩側各有一道凸起結構，這部分得改用雕刻刀之類工具謹慎地修整。只要想像該細部結構在迪羅倫這款車款改裝之前是什麼模樣，應該就能順利地進行作業了。即便像照片中一樣削掉細部結構並修整過，原本有細部結構的地方還是會變色和留下痕跡，為了不受誤導而不小心削過頭了，最好是適度地噴塗底漆補土以輔助辨識。

▲車輛模型是藉由極致的滑動鋼模來製造出車身零件。因此有些分模線會位在比較特殊的地方。幾乎所有車輛模型的分模線都是在從前擋泥板延伸到引擎蓋側面，再經由A柱延伸至車頂側面，最後繞過車尾燈一帶。由於左右兩側都會有相同形式的分模線，因此仔細地全數磨平是不可或缺的。

STEP 2 蝕刻片零件的處理
4小時

塑膠材質在零件的薄度與銳利度上有其極限，為了補強這點，有些部位會以不鏽鋼或黃銅蝕刻片呈現。迪羅倫時光機除了一般版外，亦推出限定的超級細部結構版（現僅剩門市庫存）。由於我手邊的套件僅有蝕刻片零件，因此決定用在這件範例中。

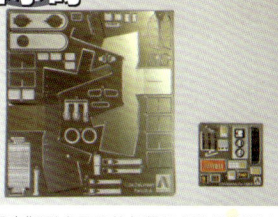

▲以限定版形式發售的超級細部結構版附有專用蝕刻片零件。除了內含各種細部結構零件之外，還附有已印刷的儀表類蝕刻片（照片右方），可藉此將儀表板一帶重現得更為寫實。

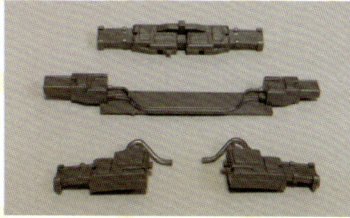

▲在屬於迪羅倫時光機特色的追加零件中，包含了以凸起結構呈現的面板狀細部結構。該部位屬於直接露出金屬原有顏色的銀色，因此更換為不鏽鋼製蝕刻片零件後，不僅形狀會更具銳利感，就連顏色也會顯得更寫實。不過要黏貼這些蝕刻片零件的話，就得先將套件原有的細部結構削掉才行。話雖如此，這些細部結構並沒有先前的配線類那麼複雜，只要謹慎地削掉並打磨平整即可。

▶金屬製蝕刻片零件必須先噴塗打底劑，藉此提高塗料的咬合力。這次選用了SOMAY-Q TECHNOLOGY製「多功能密著劑420ml」（含稅價2180日圓）。

▲想要將蝕刻片零件裁切下來時，必須拿塑膠板之類較硬的板形物品墊在底下。若是在切割墊這類較柔軟的物品上進行切割，那麼會有誤把蝕刻片零件給壓彎的風險，因此絕對不可以這樣做。裁切時要拿鋒利的筆刀用刀刃將接點給下壓截斷。

▲視裁切狀況而定，有時會殘留些許切口痕跡。遇到這種狀況的話，只要將粗一點的砂紙貼在墊片上進行打磨就可以了。以不鏽鋼材質來說，用240～320號砂紙來打磨剛剛好。

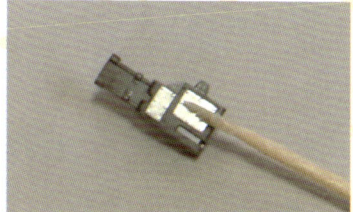

▲蝕刻片零件通常都非常小，而且還相當薄。光是用鑷子之類工具夾取，不僅會有不小心掉落遺失的風險，想進行黏合作業也頗有難度。因此最好是在牙籤前端纏繞雙面膠帶，以便黏著蝕刻片零件進行黏合作業。

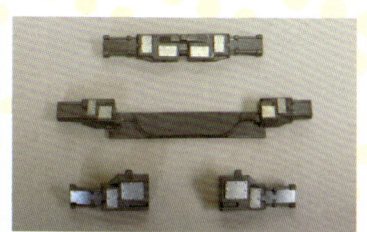

▲所有蝕刻片零件都黏合完畢的狀態。儘管尚未塗裝，看起來卻已經頗有那麼一回事了呢。蝕刻片部位不必遮蓋塗裝，因為塗裝完畢後只要用遮蓋膠帶之類物品就能靠著黏力剝除漆膜。所以這些零件不必噴塗打底劑。

▲這是要裝在車尾左右兩側的推進器狀零件。由於是印製成展開狀態的，因此必須自行摺成箱形才做得出主體。照片右方那3片風葉則是設計成從後方插入主體的形式。

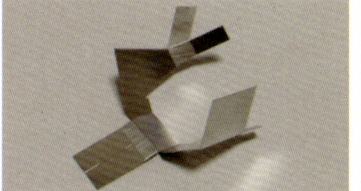

▲儘管蝕刻片零件表面設有「刀模」，但這一面其實是背面。也就是說，要沿著「刀模」折成「谷摺（谷線）」才對。要是反著摺就會導致「刀模」暴露在表面的稜邊上，還請將這點銘記在心。

▲摺好的零件與原有塑膠零件相比較。蝕刻片零件這邊確實明顯地銳利許多呢。這部分可說是「最應該用蝕刻片零件來重現」的完美樣本。接下來只要先噴塗打底劑，再正式進行塗裝即可。

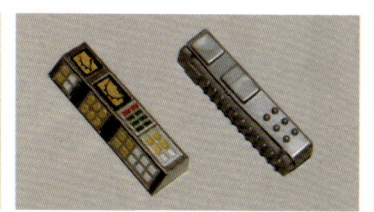

▲車頂控制台是先將基本部分的不鏽鋼製蝕刻片零件摺成箱形，再貼上已印刷的儀表蝕刻片零件即可完成。這部分重現的程度也令人為之瞠目結舌呢。

STEP 3 內裝&駕駛艙的製作
4小時

車輛模型的內裝、安全帶，以及汽車儀表一帶是修飾重點所在。何況迪羅倫時光機還是由迪羅倫這個車款改裝而來的。因此重現這些機械設備可說是做這款套件時最令人興奮之處呢。接下來要結合製作科幻機體和傳統車輛模型的手法來為這裡添加細部修飾。

▲先從汽車中控台和汽車儀表一帶的零件修改起。各種儀表類部位要用已印刷蝕刻片來呈現，A、B、C（油門、煞車、離合器）則是要換成不鏽鋼製蝕刻片。問題在於蝕刻片並未做出來的中控台配線類部分。

▲首先是將原有的配線類細部結構全部削掉。這部分和削掉車身表面的配線類細部結構一樣，先用美工刀削掉，再用砂紙打磨平整。切削時與其刻意避開3個方形凸起結構，不如一舉全部削掉磨平，之後再自行重新選就比較簡單。

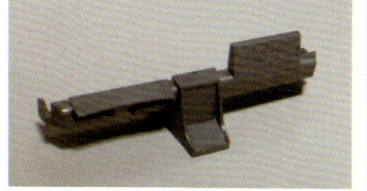

▲由於儀表類的凸起結構在黏貼已印刷蝕刻片時會很礙事，因此也直接磨平。這部分的結構並不複雜，處理起來相當簡單。ABC踏板則是先用斜口剪修剪掉，再將剪口給磨平即可。

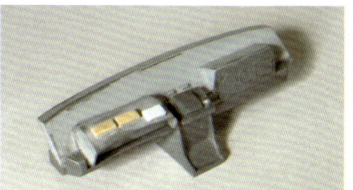

▲中控台上的凸起結構就用0.3mm和0.5mm的塑膠板重製。由於左邊那兩個和位置稍微後面一點的那一個在厚度上有所不同，因此得用相異厚度的塑膠板來呈現。

▲內裝零件為車輛模型的傳統構造，也就是要將車輛儀表一帶、方向盤、座椅裝到浴缸型的基本區塊上。除此之外，還要裝設排檔桿和手煞車，不過這部分等到塗裝完畢後再黏合會比較輕鬆。

▲儘管車輛模型的通常不會這樣塗裝，但這次基於營造出厚重感的考量，於是決定採取角色模型常用的黑底塗裝法。也因此選用了黑色的底漆補土，這樣一來還能省下塗裝底漆時的其中一道工程。

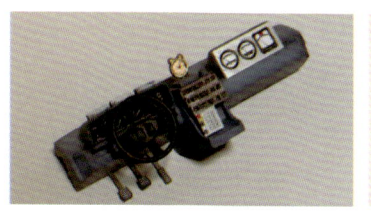

▲塗裝完畢後，將各種蝕刻片儀表黏貼上去的狀態。中控台上那個金色零件是用來通知到達時間的鬧鐘。顯示目的地時間＆現在時間＆出發時間的數位時光計時器亦為蝕刻片製。這部分要先摺成階梯狀再黏設上去。

▲這就是先塗裝黑色作為底色，再用深淺兩種中間藍施以光影塗裝後的內裝部位。其他細部結構是用漆筆分色塗裝的。時間電路的內部機械要塗裝成金色。最後再裝上以透明零件來呈現的外罩。

113

STEP 4 主體塗裝　6小時

儘管迪羅倫時光機這個名字廣為人知，但迪羅倫其實是汽車廠商（迪羅倫汽車公司）的名字，該款的正式名稱是「DMC-12」才對。因為迪羅倫公司就只推出過由喬治亞羅設計的「DCM-12」這款車，所以稱為迪羅倫也就成了共識。換句話說，現實中真的有這款車存在。而DCM-12更是以不鏽鋼製未經塗裝的車身為首要特徵，該如何表現這點可說是製作此套件的最大難關所在。

▲這是要裝設於車尾的機械類零件用基座部分。雖然得黏貼各式各樣的零件，但這部分也有著一體成形的管線、配線類結構，因此同樣得先削掉，再用玻璃纖維管、塑膠軟管、彈簧管等材料來添加細部修飾。

▲這個車尾處零件前緣其實是駕駛艙後側的壁面。儘管這裡也雕刻有許多用不明的機械，但終究也得用配線類材料添加細部修飾才行。中央空缺處則是要裝設次元轉移裝置的零件。

▲儘管這裡在說明書的配色表中指定為銀色，但真正迪羅倫的車尾和內裝部分為相同顏色，因此底色要選用中間藍。畢竟以顏色數量來說，接下來要組裝的各式零件會顯得色彩繽紛，塗裝成這樣更能襯托出來。

▲為這個地方遮蓋是相當難處理的部分。由於沒有能夠簡單處理好的辦法，因此只能發揮耐心謹慎地逐一遮蓋。一開始要噴塗黑色，接著是噴塗以黑色作為底色的銀色，然後才是噴塗紅色。

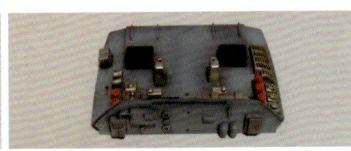

▲儘管遮蓋作業需要花上約1小時，但實際陸續噴塗黑色、銀色、紅色的作業不到10分鐘就能結束。雖說煞費苦心，但剝除遮蓋帶的那瞬間會覺得「能成功做到真是太好了……」。要是等組裝好大量機械狀零件後才進入入墨線之類的作業，那麼肯定會很難處理。因此在塗料乾燥的階段就要入墨線＆水洗，並且施加一定程度的舊化。

▲總算要進入車身主體塗裝階段了。現實中迪羅倫的車身為不鏽鋼製，表面直接留有加工時留下的磨痕，亦即髮絲紋，這也是其特徵所在。儘管要靠塗裝手法呈現這個面貌正是最大的難關，但反過來說，只要能重現這點就跟製作成功了沒兩樣。話雖如此，就算得重現髮絲紋，這終究還是一款車輛模型。因此還是得踏實地將表面打磨處理好，然後才能在塗裝工程中添加髮絲紋效果。總之完成表面處理後，為了讓銀色能更為閃亮耀眼，必須從整體噴塗黑色著手。

▲先噴塗gaiacolor 1001號「淺不鏽鋼銀」。這種銀色的粒子顯得相當醒目，以會呈現雜亂反射的效果為特徵。考量到下一道工程所需，必將漆膜噴塗得比平時更厚一點才行，還請將這點牢記在心。

▲接著使用海綿研磨片添加髮絲紋，操作時輕輕縱向移動，不可用力。以未被研磨碎屑堵塞的部分處理，效果會更好；如果被塗料堵塞，那麼會難以形成清晰線條。多使用幾種不同號數的研磨片，髮絲紋會顯得更為豐富多變。

▲接著是拿gaiacolor「特製鏡面鉻」針對重點部位進行噴塗。此舉目的在於讓某些地方反射起來更耀眼，絕對不是要塗裝成電鍍質感。在這個階段若是能呈現斑狀的反光效果，那就算是成功了。

▲然後是進一步拿Mr.COLOR 8號「銀色」用相同的方式進行噴塗。這種銀色的亮度較低，與閃閃發亮的效果相反。尤其是當噴塗得較* 時，髮絲紋反而會消失，因此可以作為點綴。隨著加入亮度較低的銀色之後，閃閃發亮的效果也會更不均勻。

▲等黑色和灰色塗裝完畢後，用消光透明漆順著髮絲紋的方向讓局部呈現消光質感。這方面只要以刻線或顏色分界線為起點，試著噴塗出像是縱向條紋汙漬的痕跡即可。這樣一來應該就能營造出「久經使用感」才是。

▲裝設在車身外圍的發光保險桿選用gaiacolor 121號「星光銀」來塗裝，藉此營造出材質差異與改變整體的氣氛。

▲先前黏貼蝕刻片的零件有一部分在顏色上與前述保險桿相同（其實應該說是該保險桿的一部分），因此姑且同樣用「星光銀」來塗裝。

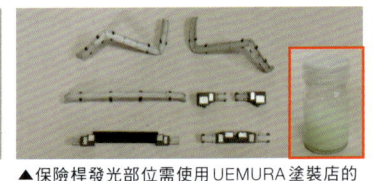

▲保險桿發光部位需使用UEMURA塗裝店的「粉末狀夜光塗裝材料發光粉 藍色」（含稅998日圓）。將30％粉末加入透明漆並充分攪拌即可噴塗。由於蓄光顏料較重，使用時務必攪拌均勻避免沉澱。最後再進行細部塗裝即可完成。

STEP 5 配線＆裝飾　5小時

由於將原本與零件一體成形的細部結構削掉了，因此得利用單芯線之類輔助材料自行重製。只要是打算製作迪羅倫的玩家，肯定都想像過這道工程吧。不僅如此，內裝（駕駛艙）省略的某些配線類部位，要以能從電影畫面中辨識的部分為中心添加細部修飾。受限於畫面較暗，導致難以辨識的部分不少，但只要憑藉製作角色模型時的重點「想像力」來彌補即可。

▲這是拿來為車輛模型添加細部修飾用的SAKATSU製「極細單芯線」。商品本身是直徑0.5mm的單芯線，在此選擇了5種顏色來使用。

▲照片中最上方是同為SAKATSU製的「直徑1.4mm纖維管」。再來是內徑1.5mm的黃銅管，以及將它裁切成環狀後的材料。右下方飾品用材料的「C圈」，主要是拿來裝設吊墜之類物品用的金屬零件。

▲將5色單芯線彼此交纏在一起，再塞入纖維管中。將纖維管裁切掉一小截後，套上黃銅管作為束環。最後是每隔一段距離就用C圈扣住單芯線。接著即可將這束管線裝到當初削掉細部結構的地方去。

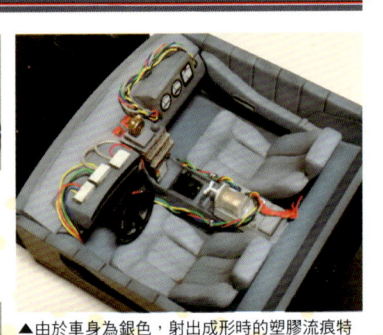

▲在車身內側照片中，駕駛艙後方也有設置束帶配線作為裝飾，而且還連接到了車頂控制台那邊去。由於以套件的構造來看，紅色束帶配線不可能連接到次元轉移裝置上，因此僅讓它垂掛在座椅後側，營造出「像是連接在一起」的模樣。

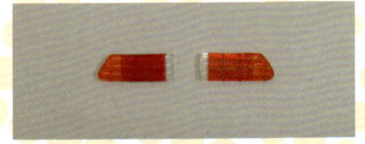

▲這是車尾燈用透明零件。要從零件內側用透明紅和透明橙分色塗裝。儘管上半部會被其他構造物遮擋住，但也不能偷懶略過，一定要好好地塗裝完成。

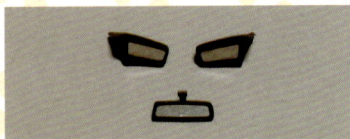

▲後照鏡和車內後視鏡都要先用消光黑來塗裝。鏡面部位則是藉由黏貼蝕刻片來呈現。這些鏡片類和蝕刻片製雨刷都要等到車身和底盤組裝完成後，在最後階段裝設上去，這樣就能避免發生失誤。

▲由於車身為銀色，射出成形時的塑膠流痕特別明顯，導致難以判斷細節是否磨平。此時需從多角度觀察並以手觸摸辨識高低落差，以便進行作業。如果仍無法確認，也可噴塗底漆補土輔助辨識。中控台削除的配線以極細單芯線重製，而讓顏色隨機分布則是重點，並以稍粗灰色單芯線點綴。時間電路周圍及中控台下方至後方機械處也加裝束帶配線，另指為時間加裝透明零件呈現的透明罩。電影中也可見到連接次元轉移裝置的束帶配線，但本範例僅製作紅色束帶配線，藉此營造些許變化。

利用多種銀色
醞釀出獨特的金屬感

以經由改裝「實物」而成的時光機來說，即便是虛構的事物，製作時亦得從比例模型的觀點去思考該如何詮釋。為了呈現它在大銀幕中的質感，這次是以運用多種銀色搭配海綿研磨片造就的特殊塗裝來賦予應有面貌。

回到未來 迪羅倫時光機 PART I
- 發售商／青島文化教材社 ● 3200日圓，發售中
- 1/24，約18.5cm ● 塑膠套件

BACK TO THE FUTURE
DELOREAN

AOSHIMA 1/24 scale plastic kit
modeled & descibed by Nobuyuki SAKURAI

115

BACK TO THE FUTURE
DE LOREAN

AOSHIMA 1/24 scale plastic kit
modeled&descibed by Nobuyuki SAKURAI

櫻井信之
活躍於各式媒體的模型傳教師。精通製作各種領域的模型。

▼在進行時光旅行時會發光的保險桿是使用蓄光塗料來塗裝。這件範例只要讓周遭環境變暗，便會浮現朦朧的光芒。有別於LED，整個面本身會發光是特徵所在。

2015年改造版將原本的電源供給用鈽原子爐更換為「融合先生」，亦即可經由分解一般家庭垃圾進行發電的小型核融合爐。另外，車牌部分是在改裝飛行功能時取得了由條碼構成的新車牌。套件中只要不採用黏合方式來處理，即可自由替換組裝為PART I或II版本。由於底盤也重現了車輪的可動機構，因此亦能重現飛行形態。

　有個詞彙叫做「失落的未來」。之所以會這麼說，理由顯然在於1980年代所製作的諸多科幻電影都是以未來為舞台，然而如今早已過了這些作品設定的年代，想像中的未來世界卻並未到來，導致有不少人為此感到失望吧。以《2001年太空漫遊》為首，幾年前就連作為《銀翼殺手》舞台的2019年也已經過去了，但現實仍和作品中描述的未來社會大相逕庭。《回到未來》（以下簡稱為BTTF）也一樣，PART II的舞台為2015年。儘管這個時間點於十年前左右就曾在影迷之間蔚為話題，甚至還在各地舉辦了相關的活動，但故事與現實之間的落差終究太大，以致於免不了瀰漫著一股悲傷的氣氛。用來改裝成範例中這輛時光機的迪羅倫也一樣，以21世紀的現今眼光來看，總覺得會給人一種復古懷舊的印象也是事實。尤其是用來輸入日期的數位時光計時器，如今只剩下廉價的計算機會用那種字型來顯示了。但這也是無可奈何的事，畢竟任誰都無法在1985年時就預知未來會有智慧型手機問世吧……

　時光就這樣繼續流逝到2018年，隨著電影《一級玩家》上映，主角韋德搭乘迪羅倫在遊戲世界中奔馳，這輛在電影史上紅極一時的名車成功地在21世界華麗復活。日本的無線電視頻道也緊接著安排重播BTTF三部曲，從未接觸過的年輕玩家因此有機會發現「原來有這種傑作存在啊」，也紛紛成為新世代的影迷。比起從頭到尾經過精心設計的未來機體，適度加入些現今看得到的細部結構反而更有寫實感。這就是被稱為復古翻新的手法。雖然這款套件也是問世已有十多年的老套件了，但基本設計相當出色，絕對不會給人落伍的印象。甚至該說憑藉著善加運用近幾年來有著長足進步的金屬漆來塗裝，即可重現當年夢想中的迪羅倫時光機。沒錯，未來絕對不會失落。只要模型玩家常懷探究心與對科幻機體的熱情，就能「回到那個未來」。也唯有我們這些著迷於立體作品的模型玩家才能擁有那等特權呢。

①內裝部位是以諸多配線和專用蝕刻片零件添加了細部修飾。雨刷則是換成車輛模型的通用蝕刻片零件，藉此提高精密感。
②③將原本雕刻在車身上的配線結構削掉，改用0.5mm極細單芯線和纖維管重製。
④在電源供給用鈽原子爐前方設有可從鐘樓避雷針取得電力的掛鉤。這是在1955年時改造的部分。經由這裡取得來自閃電的電力後，就會輸送到次元轉移裝置去。

117

懷舊模型獵人 第7回
NATSUKASHI MOKEI HUNTER

主題：Z鋼彈＆鋼彈ZZ 傳單集

《機動戰士Z鋼彈》並不只是1985年新上檔的電視動畫節目，更居於轟動社會的「鋼彈系列第2作」這個定位。光是從這點就足以看出在宣傳方面會花上多少心力，想必也不用再贅言形容了吧。從宣傳單上的資訊密度來看，很明顯地比本單元第5回（日文版）所介紹的初代鋼彈時期內容更為精緻細膩許多，能從中感受到廠商投注在《Z鋼彈》身上的用心程度。

1985年3月，隨著《機動戰士Z鋼彈》首播，該作品的塑膠模型系列也開始陸續上市。自1982年的《戰鬥機械 薩奔格爾》起，BANDAI模型玩具事業部就會配合日本SUNRISE（現為SUNRISE）製作的電視動畫播出同步推展商品，繼《聖戰士丹拜因》《銀河漂流拜法姆》《重戰機艾爾鋼》《超力機器人 格拉特》之後上檔的《Z鋼彈》已經是第6部作品了。本單元將會連同接檔節目《機動戰士鋼彈ZZ》在內，一併介紹當時的宣傳單內容。
（編撰統籌＆資料／五十嵐浩司）

▲這是1985年發行的《MOBILE SUIT GUNDAM LIMITED EDITON》，為B5開本36P的手冊，前半是模仿看待現用兵器的觀點來解釋何謂MS，後半則是網羅BANDAI各事業部資訊的商品型錄。

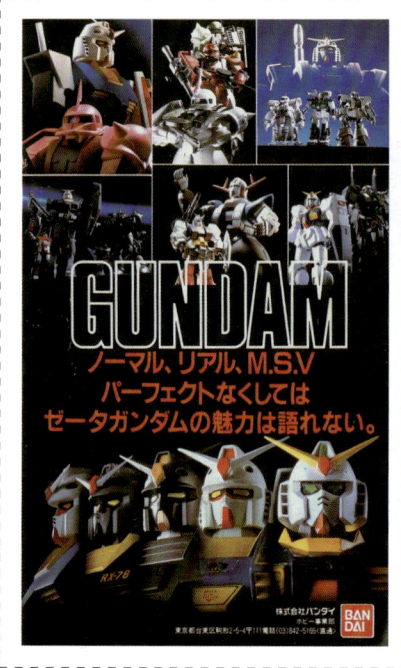

由於這是在《Z鋼彈》首播前編撰的，因此僅利用包裝盒畫稿和商品照片來介紹從初代鋼彈到《MSV》，而後到《Z鋼彈》的舞台及MS研發歷程。在封面上有著初代鋼彈、擬真型鋼彈、全裝甲型鋼彈、全備型鋼彈、鋼彈Mk-II並列，能感受到集系列之大成的旨趣。附帶一提，封面所使用到的這件鋼彈Mk-II，其實是出自小田雅弘先生之手的1/100比例全自製模型。該作品的全身照可以在《模型情報》和《MJ MATERIAL 4 機動戰士Z鋼彈 機械設定集＆範例集》等媒體中看到。

◀運用初代鋼彈與《MSV》的素材進行編撰，說明《Z鋼彈》是時代趨勢的一環。下排右側內容中所刊載的卡爾巴迪β，其實是腰部造型相異的設定。另外，情景模型「宇宙要塞阿·巴瓦·庫」的包裝盒畫稿也使用到了舊版本。至於背面則是刊載既有商品的型錄。

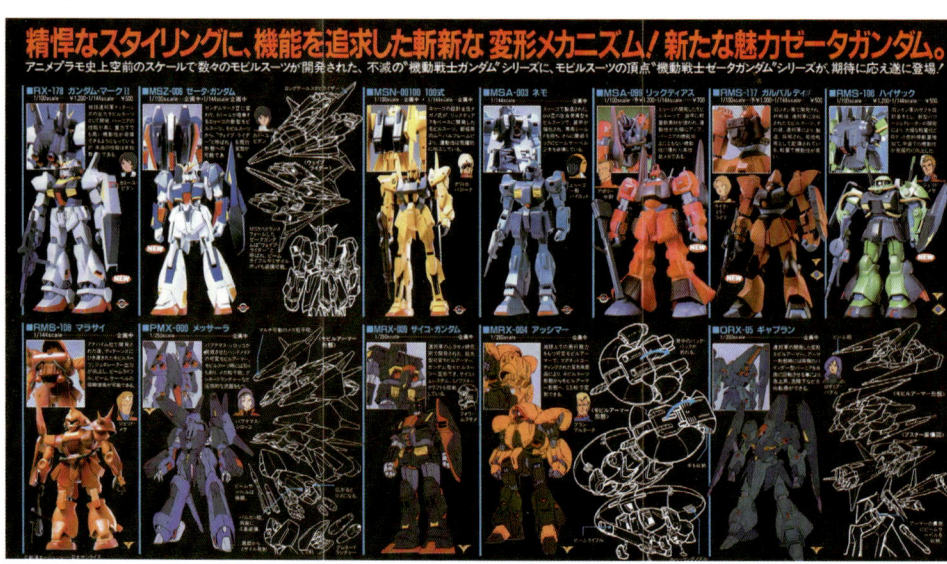

宣傳單第2作在內容上除了身為主角MS的Z鋼彈之外，亦是以故事前半的新型MS資訊為中心進行編撰。雖然屬於商品照片、試作品照片、動畫設定交錯的獨特架構，但這應該也是增加資訊密度的手法之一吧。

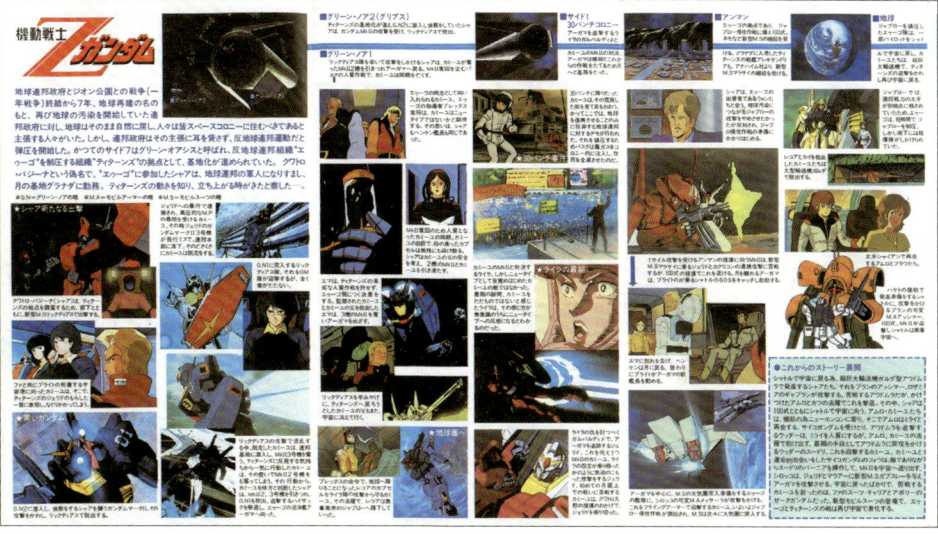

宣傳單第3作似乎和第2作是在差不多的時間點進行編撰。但第3作大量使用到了動畫的劇照，藉此介紹初代鋼彈和《Z鋼彈》的故事，與「塑膠模型」相關的要素僅剩下商品列表而已。

這是相對於上排《Z鋼彈》內容的初代鋼彈故事介紹頁面。亦有在其他欄位中提及的登場人物介紹，藉此凸顯《鋼彈》系列的重點不僅在於MS，故事本身也十分有看頭。

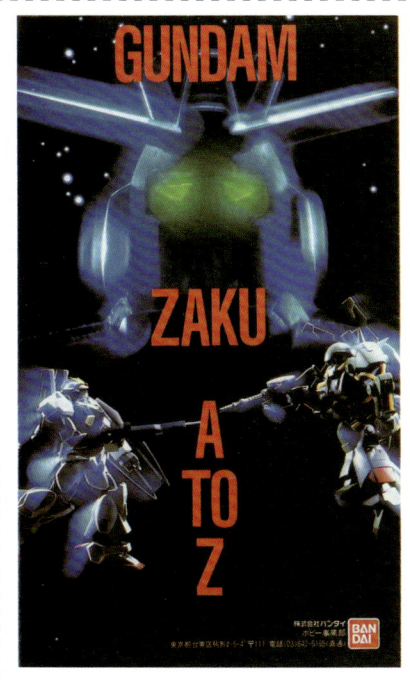

第4作的內容是將焦點放在鋼彈和薩克等MS上。在機體解說欄位中除了介紹擬真型鋼彈和擬真型薩克之外，還提及了當時未推出商品的迷彩型陸戰用薩克和德茲爾座機。背面則是刊載鋼彈與薩克各機型的背面造型、駕駛艙，以及標準武裝的比較，讓大家對MS的原點在於鋼彈和薩克一事更為印象深刻。

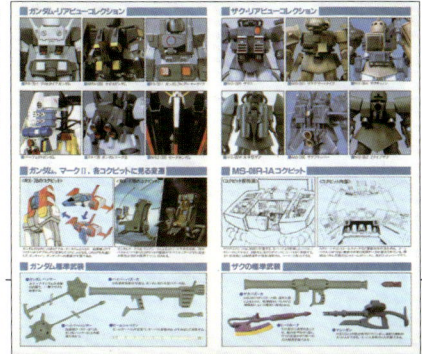

119

懷舊模型獵人

這是配合《鋼彈ZZ》首播而編撰的宣傳單。ZZ鋼彈設定圖稿刊載了離定案版只差一步的前一個版本，亦即核心頂部戰機沒有機首存在的版本。連同《鋼彈ZZ》的動畫設定和故事介紹在內，背面也刊載了將《Z鋼彈》各式MS商品依據設定身高按照相同縮尺並排的比較圖。

◀▲這是《鋼彈ZZ》的介紹頁面。連同最新MS的設定資料在內，還介紹了第一季前半的故事內容。在商品確認列表中，「ZZ鋼彈」的MS僅刊載了名稱，顯然是在商品企劃尚未完全定案前就編撰的。

◀在《Z鋼彈》的介紹頁面中，連同回顧所有集數的故事和舞台在內，亦刊載了利用商品來呈現的MS比較圖，資訊密度高的令人瞠目結舌。最下排則是以可變MS和G防禦機為焦點，以凸顯變形合體的娛樂性為訴求所在。

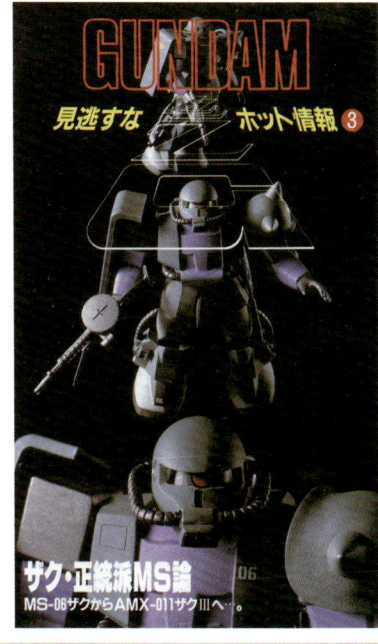

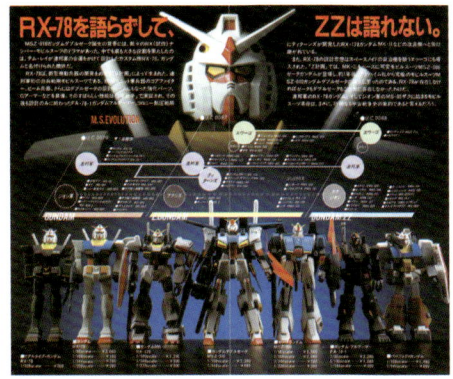

這是在《鋼彈ZZ》後半編撰的「千萬別錯過！熱門情報」宣傳單首作。從中可以看出節目重播和擴大銷售既有商品在那個時代是密切相關的。背面則是也刊載了自10月份起的新商品資訊。

「熱門情報」的第2作，以歷代鋼彈為中心講解MS的研發史。背面介紹了高完成度模型（High Complete Model、H.C.M.）、機器迴力超人、好玩迴力機器人、變身戰士等商品。

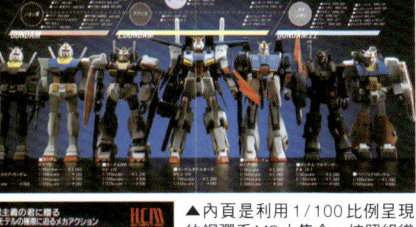

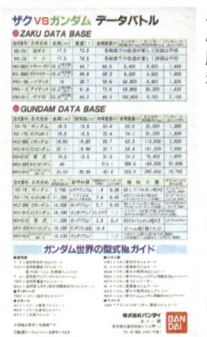

▲這份列表是在1986年冬季《鋼彈ZZ》播映期間針對日本全國各地有重播初代鋼彈和《Z鋼彈》的電視台整理而成。

▲內頁是利用1/100比例呈現的鋼彈系MS大集合。按照組織分門別類的MS研發圖是寶貴資料呢。

▲以屬於最新商品的薩克Ⅲ為中心，提及了薩克的研發系譜。在版面中央還象徵性地放了薩克Ⅱ和舊薩克。

「熱門情報」第3作在封面有著睽違已久的MS-06R薩克Ⅱ的黑色三連星規格登場。背面刊載了鋼彈型與薩克型的詳盡規格表，從中還能看到腦波傳導型鋼彈的裝甲材質。

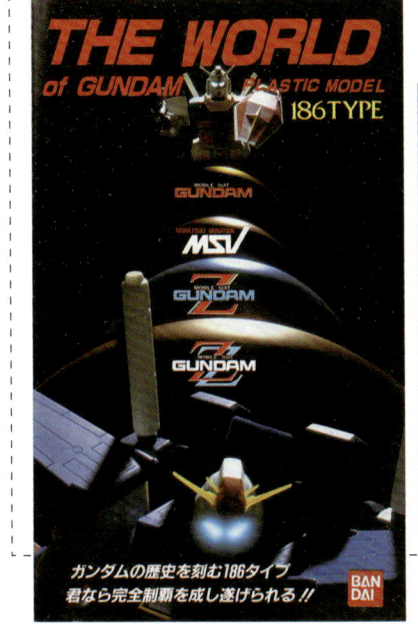

這是在「ZZ鋼彈」推展告一段落後編撰的，為一舉收錄了初代鋼彈到「ZZ鋼彈」各式鋼彈模型的宣傳單。自最右側的1/20人物模型開始，一路延續到背面都是初代鋼彈的商品介紹。

機械設計師列傳

SPECIAL TALK　Mika Akitaka

第7回 明貴美加

明貴美加老師自1985年起以機械設計師身分參與《機動戰士Z鋼彈》製作，正式展開活動後，至今已度過40年的時光。在這段期間裡，他在動畫、電玩、漫畫、插畫等各個娛樂領域都持續有著活躍的表現。他不僅在繪製既帥氣又俏皮的機器人，還有各式機械和道具這方面很在行，更以擅長設計可愛的美少女角色聞名。在此要向他請教當年首度參與動畫第一線製作的《機動戰士Z鋼彈》《機動戰士鋼彈ZZ》那時有著哪些寶貴經驗。

Profile

明貴美加■4月17日出生，出身埼玉縣。機械設計師。當年以編輯製作公司伸童舍所屬評論作家的身分為TAKARA旗下模型玩具資訊雜誌《雙重雜誌》擔綱編輯＆執筆報導內容。後來參與了《Z鋼彈》的各式設計工作（未列名於製作團隊中）。至隔年播出的續作《鋼彈ZZ》才首度以機械設計師身分崛起。接下來則是一方面參與動畫製作，另一方面在模型資訊雜誌《Model Graphix月刊》發表的連載單元《MS少女》引發轟動。在這之後的活動領域也並未侷限於機械設計，而是進一步往電玩設計、漫畫原作等多元方向發展。目前也仍在矢立文庫連載《MIKA AKITAKA'S MS少女 NOTE》。

以機械設計師身分出道的作品是《機動戰士Z鋼彈》

──首先想請教明貴老師與《鋼彈》之間的淵源。您當年與獲任《機動戰士Z鋼彈》主要機械設計師的藤田一己老師同樣隸屬於伸童舍，而且也是在這部作品以機械設計師身分出道對吧。

明貴：是的。由於《Z鋼彈》的設定光靠藤田老師一人實在忙不過來，因此已故的前任會長野崎（欣宏）先生便下令要我「去稍微幫幫忙」，這應該就是一切起源的契機之一。

當時我還不算設計師，伸童舍派我擔綱TAKARA旗下《雙重雜誌》的編輯與作家才是主要業務。在這份機緣下，我得以經常往來日本SUNRISE（※現為SUNRISE）的企劃室。

後來當時在企劃室擔任室長的飯塚（正夫）先生問我對於機械設計師，或是動畫方面的工作有沒有興趣，BANDAI正好在找能夠為《Z鋼彈》繪製MS圖面的人，要是有意願的話，他可以幫忙介紹。於是我就在未告知公司的情況下偷偷地接了這份委託。結果馬上就引發了問題（笑）。

那時我為里克・迪亞斯、卡爾巴迪β，還有高性能薩克和鋼彈Mk-Ⅱ繪製了三視圖。但高性能薩克和鋼彈Mk-Ⅱ後來又由藤田老師重新繪製過。由於我在繪製好的圖面上簽了名，因此被公司發現這件事，結果就被念了「既然你這麼想當機械設計師，那為何不就著手試一試呢」之類的話……

於是我就這樣以藤田老師的助手身分加入了《Z鋼彈》製作團隊。那時我主要是負責編撰每一集的輔助設定資料。例如在第9集裡將高性能薩克運往月面基地的拖車、第15集裡貝爾特琪卡搭乘的雙翼機之類。還有卡爾巴迪β那面護盾的飛彈。記得這應該是我經手的一份工作吧？再來就是畫阿含號的起落架了。不知道是不是因為這件事，後來的鋼彈系列也經常委託我為船艦畫起落架呢。

我就是像這樣東畫一點西畫一點機體細節。因此我自認為並不算太大的負擔。不過我也未能列入製作團隊名單中就是了。畢竟我是以藤田老師助手的形式在處理各集相關設定。

──您是何時開始真正萌生想要成為機械設計師的想法呢？舉例來說，在製作《Z鋼彈》的時候，您看過藤田老師的工作內容後有些什麼想法？真正成為機械設計師之後，對工作量和品質或其他方面又有哪些感觸呢？

明貴：由於我是從經手玩具設計之類的工作起步，因此只是模模糊糊地覺得想要從事一份與繪畫相關的工作。就工作內容來說，我只覺得藤田老師筆下的線條果然很優美呢。這也令我認為「啊，要是不畫到像他那種境界不可成」。

再來就是去日本SUNRISE時，剛好有機會看到大河原邦男老師和安彥良和老師筆下設定圖稿的原版資料吧。那時令我萌生了自己也想要畫出如此優美線條的想法呢。

儘管《鋼彈》的擔子很重 但也只能硬著頭皮做下去了

──在續作《機動戰士鋼彈ZZ》中，您總算獲得委任設計主要機體了，不過您是在哪個階段開始參與主角機ZZ鋼彈的設計呢？

明貴：在ZZ鋼彈的設計這方面嘛，儘管當時還沒確定是否要製作續集，但已經傳出正在規劃下一步鋼彈作品的風聲。只是這部分遲遲沒人能說個準就是了。

在陷入這種狀況的初期階段，藤田老師就決定離開《鋼彈》製作團隊。而在這個時候，SUNRISE和BANDAI為了廣徵下一部鋼彈作品的點子，於是決定舉辦比稿競案。伸童舍亦受邀參加了，當時與伸童舍有所往來的外部人士也有來

藤田老師筆下的線條，果然非常優

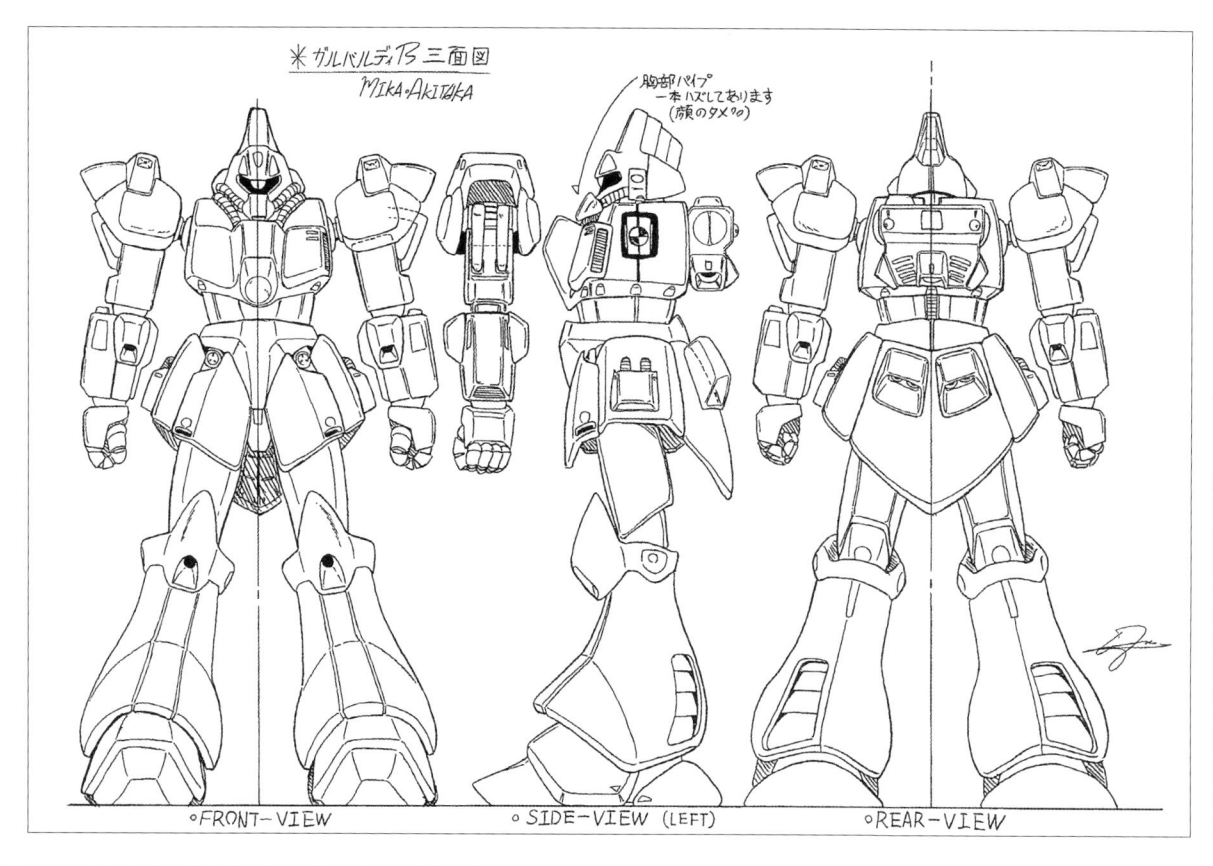

※ ガルバルディβ三面図
MIKA·AKITAKA

胸部パイプ
一本ハズしてあります
(顔のタメ%)

○FRONT-VIEW　　○SIDE-VIEW (LEFT)　　○REAR-VIEW

WORKS 1

　　明貴老師第一次參與《鋼彈系列》製作的動畫為《機動戰士Z鋼彈》。他是以助手形式協助擔綱主要機械設計的藤田一己老師，除了左方刊載的卡爾巴迪β之外，還經手繪製過里克‧迪亞斯的三視圖。而且他並非只是純粹地繪製三視圖，還能從中窺見他設想往後製作為立體成品時，各部位分量感該如何分配的規劃。附帶一提，在與卡爾巴迪β相關的設定方面，護盾內側飛彈發射裝置的設計同樣是出自明貴老師之手。

徵詢點子，而我在比稿競案中提出的就是新鋼彈和ω鋼彈呢（※1）。藤田老師和岡本老師也都有以伸童舍的名義提案參加。最後是新鋼彈的概念獲得關注。

——果然是對新鋼彈這個名字有所反應呢。儼然一副「就是它！」的發展。

明貴：其實算不上是一切正如我所料，我認為這只不過是其他人都沒有提出合體方案的結果罷了。畢竟在BANDAI所提出的條件中原本就沒有合體這個項目。他們所尋求的，純粹只是新型鋼彈的點子而已。

——藤田老師、岡本（英郎）老師，還有永野（護）老師都有參與ZZ鋼彈的設計企劃呢，從現今的觀點來看，這個陣容真是不得了耶。

明貴：儘管我聽說過下一個鋼彈會由永野老師來擔綱設計，但他中途就退出了。而小林（誠）老師的設計案實在是震撼力十足，再加上即便只是概念設計，卻已具有足以作為正式設計的水準，因此便獲得採用作為下一個鋼彈的方案了。

　　接下來就是以小林老師的概念為基礎再度進行比稿競案，然而定案稿的委託卻直到年底12月25日那個時間點才送過來。明明節目在明年3月就要播出了說（笑）。

——真是個荒唐的情況呢（笑）。

明貴：這下子沒得過新年假期了……我一邊這麼說著，一邊乖乖地趁著年底把工作帶回老家處理，新年的頭三天一過，我就又立刻趕回東京工作……結果包含設計在內，我幾乎一手包辦了所有作業。

　　然而馬上又收到了希望能加入核心戰機的要求。可是在小林老師的概念設計中只有A、B組件，並沒有核心戰機啊。於是我和岡本老師只好從設法加入核心戰機的部分重新設計起。變形合體機構一開始是由岡本老師設計出來的，我原本以為自己只要負責核心戰機這一塊就好，但後來都以某種形式參與了所有機體的設計，結果就連完稿作業都有我的份。

　　其實我們當時還得同步製作動畫主篇才行，但在那個時間點只完成了配角機體的設計，因此等於毫無進度可言。這令我忍不住抱怨製作鋼彈動畫主篇的擔子好重，我不想做了啦（笑）。結果野崎先生對我說「總之無論如何做就對了，快做吧。凡事只要肯做就一定能解決！萬一真有什麼問題，我們也會幫忙的」。唉，儘管我認同要製作續集的話，應該要再找新的設計師進來才對，但有段時間我也覺得對新人來說，要直接投入這樣的職場實在太勉強了。

　　儘管ZZ鋼彈的設計在不久之後便定案，但那個時間點已經趕不上在第1集裡登場。這也是它直到第10集才出現的理由所在。雖說遲了將近一季的時間，不過前作的Z鋼彈也是直到第21集才登場呢。何況這部續作本身也幾乎是臨時決定要做的。

——也就是說，您之所以能正式成為機械設計師，理由其實在於經手了主角機的設計囉。這不就跟突然下了「去爬聖母峰！」的命令沒什麼兩樣嗎……

明貴：就是說啊，而且還是不帶氧氣瓶登頂呢（笑）。畢竟在跟岡本老師一同處理作業之餘，我也還得設計每一集出現的MS才行。

　　話雖如此，有一部分還是由出淵（裕）老師自行騰稿的呢。岡本老師也同樣有這麼做。我當然也有處理這些工作，但最重要的還是得先將ZZ鋼彈設計完成。因此野崎先生找了如今在史克威爾艾尼克斯公司工作的中澤數宣老師（※2）和佐山善則老師來幫忙。

　　具體來說，他們兩位只需要經手繪製MS的背面，或是細小武器、護盾之類屬於輔助性質的部分。總之第一季就是在我們這3、4個人齊心

美呢！

※1　ω鋼彈／為明貴老師針對新鋼彈（後來的ZZ鋼彈）比稿競案所提出的設計，採用了由鋼彈變形為上半身，G裝甲戰機變形為下半身，兩者合體後即為ω鋼彈的點子。

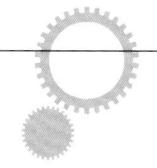

123

總之就是既然球已經投過來了,那

▶ 這是ZZ鋼彈寫有「TOY VERSION」注記的設定資料。當年首播時推出的1/100套件、高完成度模型,以及DX玩具在體型上就是以這張圖稿為準。附帶一提,這張圖稿是由明貴老師與岡本英郎老師合作繪製完成的。

▲ 明貴老師在設計時相當講究的新核心戰機。從垂直尾翼的折疊功能可以明顯感受到是在向初代核心戰機致敬。

▲ 核心頂部戰機。起初並沒有機首,明貴老師是花了2天左右補足這個設計才成為定案稿的。

WORKS 2

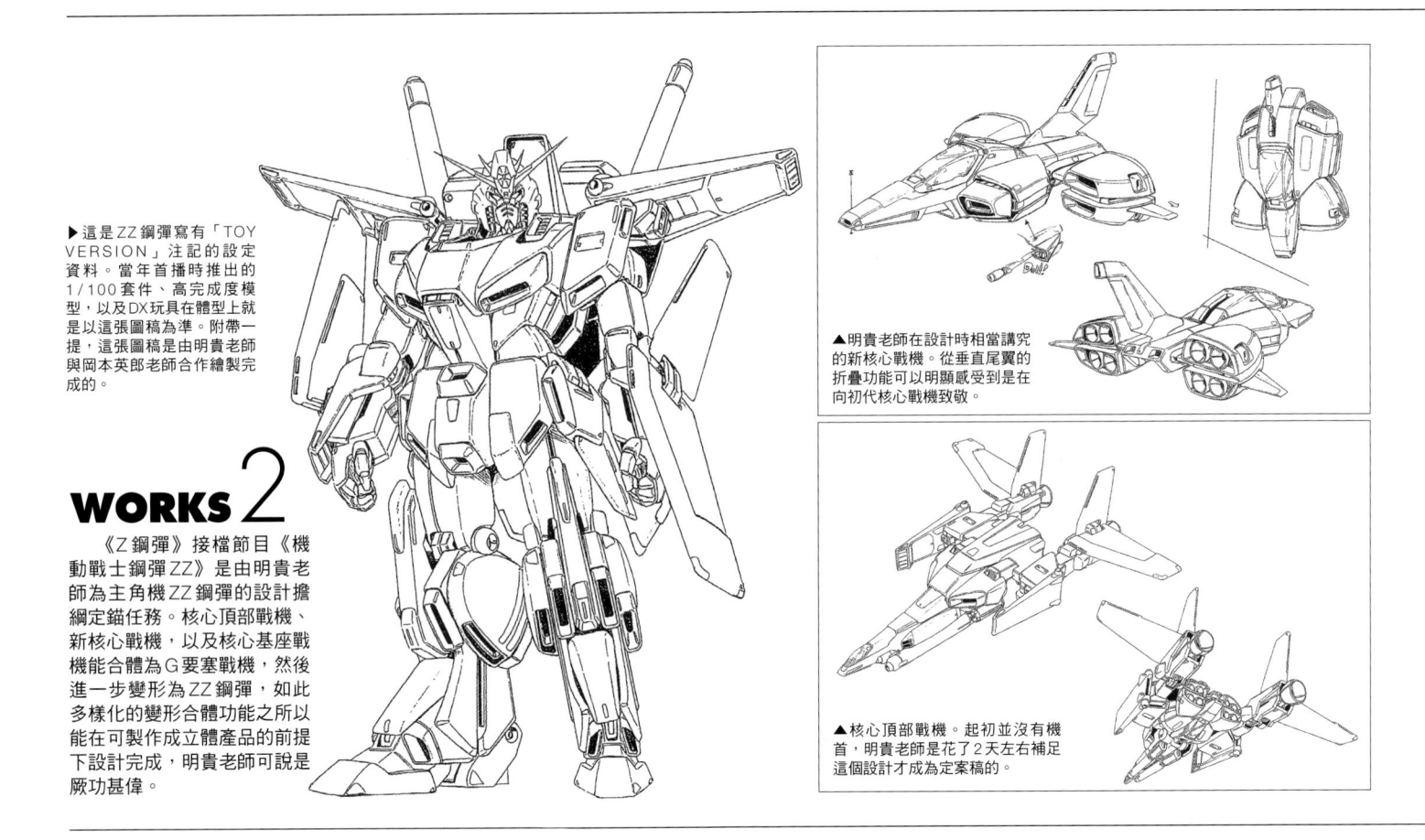

《Z鋼彈》接檔節目《機動戰士鋼彈ZZ》是由明貴老師為主角機ZZ鋼彈的設計擔綱定錨任務。核心頂部戰機、新核心戰機,以及核心基座戰機能合體為G要塞戰機,然後進一步變形為ZZ鋼彈,如此多樣化的變形合體功能之所以能在可製作成立體產品的前提下設計完成,明貴老師可說是厥功甚偉。

協力下設法搞定的。但除此之外,還有主篇的枝節設定得解決呢(笑)。由於包含小道具在內的所有東西都得做,因此從一開始就是手忙腳亂成一團的情況。

老實說,突然被扔進製作第一線的話,肯定只會演變成那種情況呢。儘管這種情況在現今來看很常見,但以當時的環境來說,應該沒多少前例才是。

不過,該怎麼說呢。即便現在似乎也是那樣,但應該就是因應情況注手邊所有派得上用場的資源才行,大致上就是這樣吧。當時顯然也沒有其他選項可言呢。總之就是既然球已經投過來了,那就得使勁全力打出去的情況。

──真是極為拚命的工作呢。

走向原創的可能性

──北爪(宏幸)老師也有參與ZZ鋼彈正面站姿設定的作業呢。

明貴:是的,最後是請北爪老師調整過頭身比例和均衡性後才繪製的。全身稿的前後兩側和頭部特寫是由岡本老師負責繪製,印象中新核心戰機和G要塞戰機之類的各機體,似乎則是由我來繪製的。

當時刊在《模型情報》(※3)上那張圖還是核心頂部戰機沒有機首的設定呢。真要說到為何會沒有機首呢,理由其實就只是小林誠老師的草稿裡沒畫出這個部分,而我們也照這樣畫下去罷了。另外,加上核心戰機的設計之後,小林老師筆下草稿中原本作為機首處就成了純粹的紅色艙蓋,在進一步新增雙管光束步槍之後,看起來就更不像是機首了。

然而小林老師提出了沒有機首實在很奇怪的看法。因此我便被找去了日本SUNRISE,由我和小林老師以及當時擔任製作人的內田(健二)先生一同討論該如何善後。在內田先生提出「不然就幫核心頂部戰機加上機首如何?」的意見之後,我當場就回答「好的,我會按照這個方向去設計」,接著在2天後提出修改後的案子。那就是現行的設定圖稿。該設計案通過後,實際播出時的造型也就完全按照那張設定圖稿來畫了。

當時的製作第一線究竟有多麼混亂,這件事可說是最具代表性的呢。畢竟當年BANDAI不僅有推出塑膠模型,玩具事業部那邊也在研發DX(豪華)Z鋼彈和DX(豪華)ZZ鋼彈之類的變形合體玩具。

正因為如此,ZZ鋼彈的設定一旦有所更動或新增,塑膠模型事業部就會立刻收到通知,然而玩具事業部似乎並不是這樣運作的,據說那邊的專案負責人森島(隆之)先生沒有收到任何設定更動相關通知。因此他有一天突然打電話過來大罵「既然核心頂部戰機有了更動,那就應該立刻聯絡我才對啊!」。在我立刻傳真相關資料過去之後,事情總算是解決了,但這也讓我意識到,原來有時版權商和廠商之間的資訊共享也不是那麼順暢耶(笑)。感覺上就像是被颱風尾掃到一樣呢。

在這種手忙腳亂的情況下,主角機ZZ鋼彈的設計總算是完成了。其中也包含了每一集的設定,以及與MS相關的新設定。儘管MEGA砲艇是地上篇的移動手段,但起初其實是有打算以鋼彈隊(鋼彈Mk-II、Z鋼彈、ZZ鋼彈、百式)和MEGA砲艇為套組推出塑膠模型商品的。

※2 中澤數宣/在《魔神英雄傳》《魔神英雄傳2》《超魔神英雄傳》中除了龍神丸之外,亦經手諸多魔神的設計。在《霸王大系龍騎士》中也參與了龍的設計。
※3 模型情報/BANDAI模型發行的模型資訊雜誌。另有發行《MSV手冊》《MJ MATERIAL》等資料性相當高的別冊。1988年時更名為《MJ》,但後來於1994年時停刊。

就得使勁全力打出去的情況。

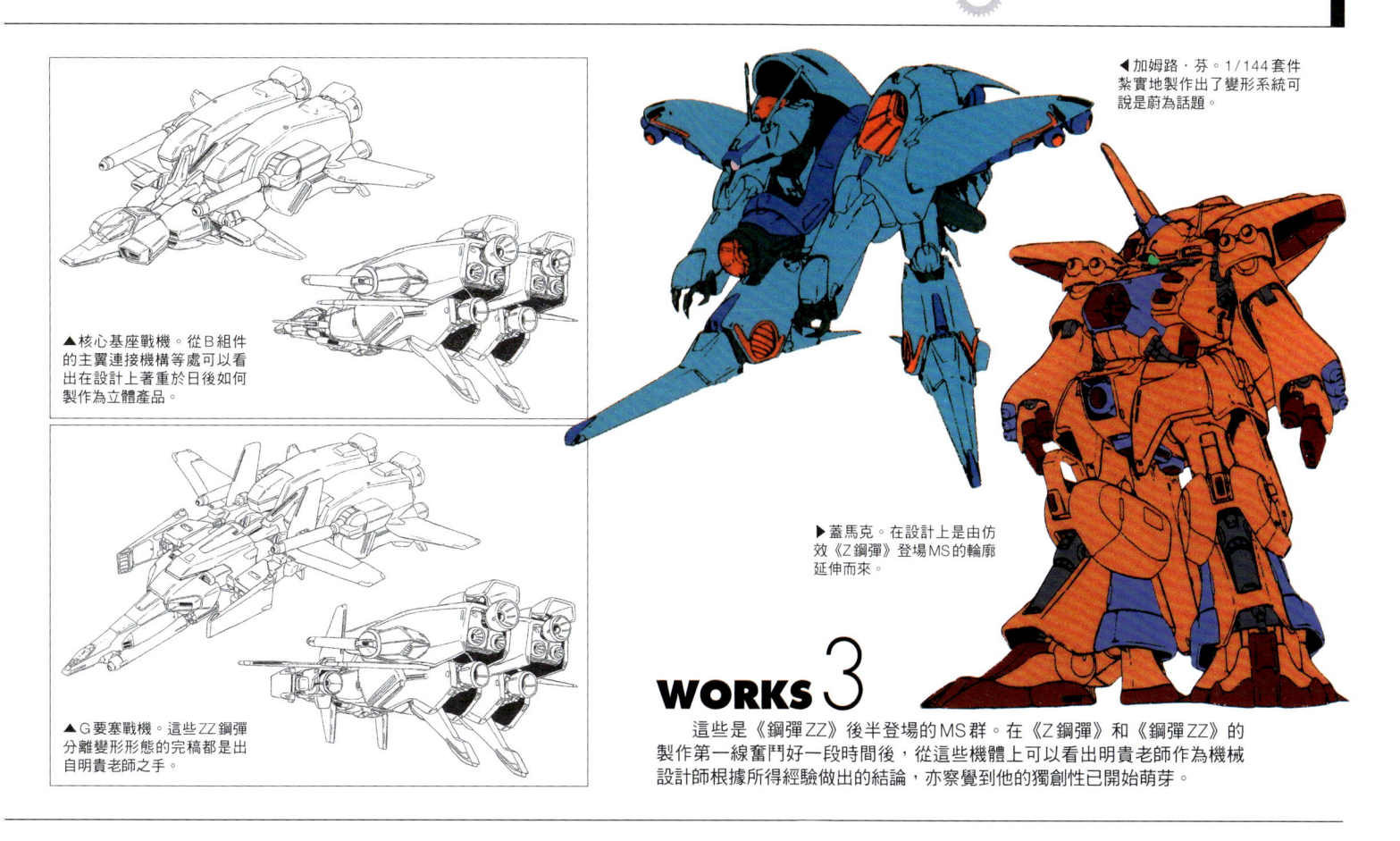

▲核心基座戰機。從B組件的主翼連接機構等處可以看出在設計上著重於日後如何製作為立體產品。

▲G要塞戰機。這些ZZ鋼彈分離變形形態的完稿都是出自明貴老師之手。

◀加姆路‧芬。1/144套件紮實地製作出了變形系統可說是蔚為話題。

▶蓋馬克。在設計上是由仿效《Z鋼彈》登場MS的輪廓延伸而來。

WORKS 3

這些是《鋼彈ZZ》後半登場的MS群。在《Z鋼彈》和《鋼彈ZZ》的製作第一線奮鬥好一段時間後，從這些機體上可以看出明貴老師作為機械設計師根據所得經驗做出的結論，亦察覺到他的獨創性已開始萌芽。

等製作到一定進度，能稍微喘口氣後，我便提出了故事後半各式登場MS的草稿。這時我才注意到，和當初的Z鋼彈續作案不同，居然沒有辦比稿競案。

我所提出的草稿內容之中，幾乎都是出自「希望能有這樣的機體，我就是想畫這些」之類個人願望的產物，結果上頭居然幾乎照單全收，甚至還通過成案了。儘管途中也有加入MSV之類的，以及由小田（雅弘）老師擔綱基礎設計的薩克Ⅲ，但故事後半，幾乎就只剩下由我設計的MS了。

——您是指杜班‧烏爾夫、蓋馬克、加姆路‧芬、昆‧曼沙之類的機體嗎？

明貴：加姆路‧芬幾乎只是將草稿給重新謄稿就過關了。杜班‧烏爾夫我起初是設計成鋼彈的，不僅頭是鋼彈，就連名字也是鋼彈Mk-Ⅴ，但富野監督認為應該要有吉翁風格才對，於是也就修改成現今的造型了。量產型丘貝雷好像是因為劇本裡有提到，所以我才臨時趕著設計出來的吧？再來就是昆‧曼沙，但昆‧曼沙不太一樣，這個委託案一開始就是要求設計在最後一集登場的大型MS。

往終點奔馳

——昆‧曼沙是架格外令人印象深刻的MS呢。

明貴：富野監督對我說希望能畫個最後一集用的機體草稿來看看，於是我就畫了個輪廓和靈戰士有點像的機體，但不小心多寫了一句「好歹是最後一集了，讓我畫個這樣的機體吧」在草稿上面。結果他氣得對我大吼「開什麼玩笑！」（笑）。這還是我第一次被富野監督罵呢。但罵歸罵，富野監督還是以我畫的那張草稿為基礎，在加入屬於MS的要素後，重新畫了一份草稿給我。臉要像鋼彈也是基於富野監督的指示，總之就是要設法讓它和腦波傳導型鋼彈的系統建立起關連性。

——在最後設計出的這幾種MS中，是否有您格外中意，或是設計時特別投入的呢？

明貴：當時我只覺得已經把自己想做的事情都做完了呢。基本上來說，我想畫一些像是《Z鋼彈》中那種普通MS的機體，還有沿襲以往那些衍生機型的形式，據此設計出輪廓略有不同的機體。舉例來說，如果覺得要是有類似《Z鋼彈》中那架THE-O的系列機就好了，我就會往那個方向去畫。

加姆路‧芬也是我無論如何都想設計出的機體。畢竟在《Z鋼彈》和《鋼彈ZZ》中幾乎沒有MA的戲份啊。儘管梅薩拉姑且算是MA，但在到處都是可變MS的情況下根本看不出差異。因此我非常希望能有外形更像是MA的機體登場。

——像昆‧曼沙之類的MS名字也是由日本SUNRISE那邊來決定嗎？

明貴：我想應該都是由富野監督或是寫劇本的那些人在決定吧？因此正如我先前說過的，杜班‧烏爾夫當初是以鋼彈Mk-Ⅴ為名提案的。至於昆‧曼沙嘛，大概是富野監督取的吧。

近來SUNRISE似乎多了要由設計者自己來取名的規定呢。《機動戰士鋼彈 THE ORIGIN》中就是如此，船艦之類的便是直接由我們這邊來取名。

說到昆‧曼沙嘛，雖說設定圖稿中有畫出來，但它原本是沒有脖子的喔。因為沒有脖子，

125

WORKS 3

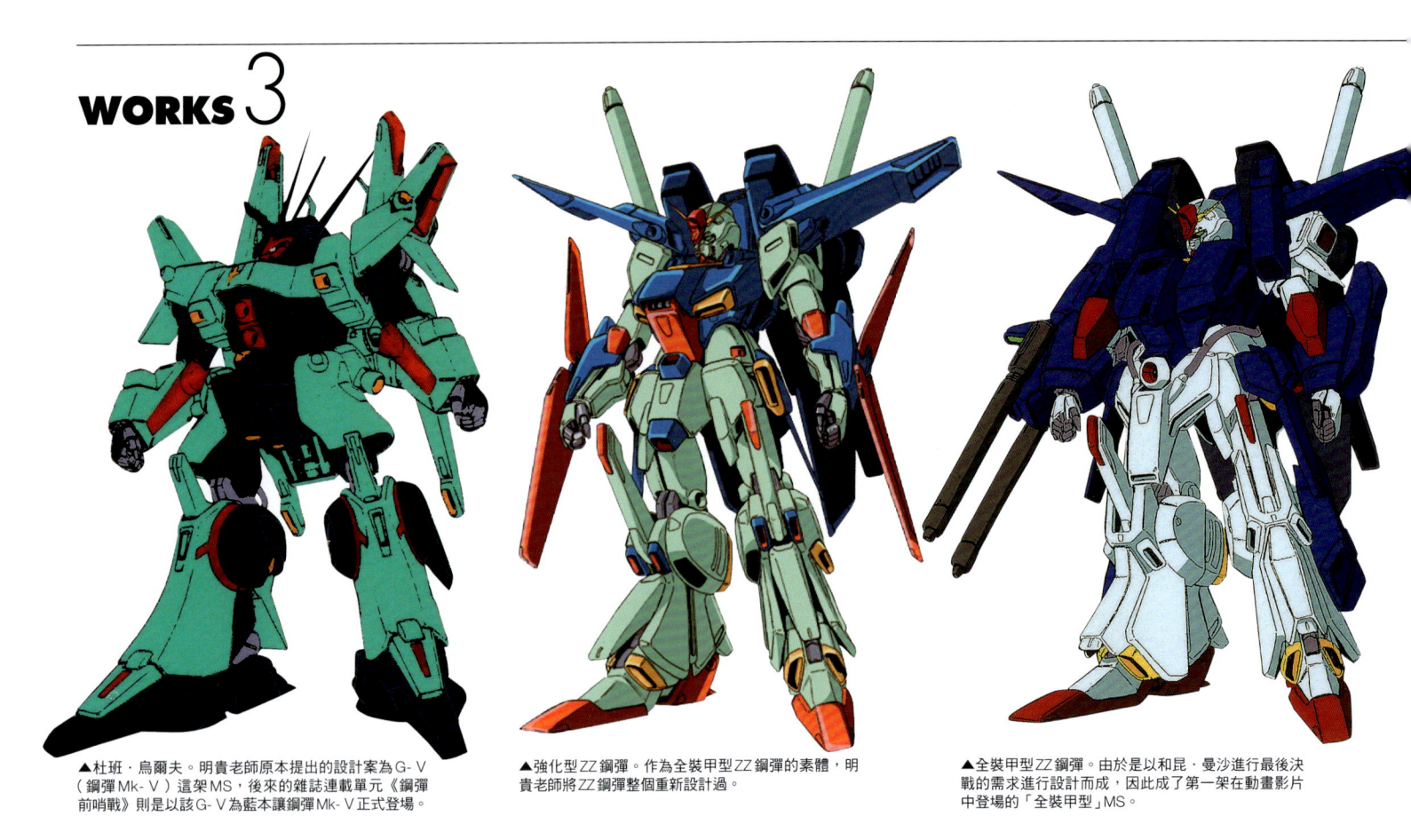

▲杜班・烏爾夫。明貴老師原本提出的設計案為G-Ⅴ（鋼彈Mk-Ⅴ）這架MS，後來的雜誌連載單元《鋼彈前哨戰》則是以該G-Ⅴ為藍本讓鋼彈Mk-Ⅴ正式登場。

▲強化型ZZ鋼彈。作為全裝甲型ZZ鋼彈的素體，明貴老師將ZZ鋼彈整個重新設計過。

▲全裝甲型ZZ鋼彈。由於是以和昆・曼沙進行最後決戰的需求進行設計而成，因此成了第一架在動畫影片中登場的「全裝甲型」MS。

所以頭是懸浮著的。頭部本身則是懸吊式座椅。在當時同步進行的企劃《機動戰士鋼彈 逆襲的夏亞》中，據說也有使用相同系統的構想。但富野監督告訴我這是最高機密，不得外洩。懸浮著的圖稿之所以並未對外公布，理由就在於此。不過在初期稿中確實是有畫出懸浮狀態的。只是內田先生看過之後就說了「這是要對公布的設定圖稿，所以得畫出脖子才行」，而我也當場將該處整片塗白，然後補畫上了脖子。

——在正式公布前還真是一波三折呢。話說全裝甲型ZZ鋼彈就是以昆・曼沙對手的形式登場呢。

明貴：說到全裝甲型ZZ鋼彈嘛，因為最後在與昆・曼沙進行決戰時，鋼彈必須看起來也很強才行，所以富野監督要求我想個強化方案出來。一提到該如何強化鋼彈，當然就會聯想到全裝甲型囉，於是我便往這個方向去進行設計了。由於只會在那場戰鬥中出現，因此在設計上確實得趕得要死呢。

在此同時我也稍微重新設計了一下ZZ鋼彈，具體的成果就是強化型ZZ鋼彈。為何會想要重新設計一下ZZ鋼彈呢，或許是因為在累積了一年來的經驗後，希望能夠憑自己的力量來畫出ZZ鋼彈吧。畢竟剛開始時自己的實力完全不夠，光是要完成分內的工作就得拚盡全力了。

附帶一提，全裝甲型的鋼彈以往雖然有推出模型等商品，但真正有在動畫中登場的，全裝甲型ZZ鋼彈應該是頭一個才對。就這方面來說，它應該有震撼力才是，只不過在配色方面……和套上增裝裝甲前幾乎沒什麼兩樣，這顯然是個問題呢。由於和原本的ZZ鋼彈難以區別，因此當時甚至有動畫雜誌寫了這是為使用到的設定。搞什麼嘛，明明就有使用到啊，我真的很想這麼說呢（笑）。

——像這樣回顧從Z鋼彈到全裝甲型ZZ鋼彈的發展後，讓我不禁思考起這兩部作品之間的設計差異，是否在於對機械設計日後會應用到製作塑膠模型上的認知幅度不同？儘管這方面應該也存在著技術上的問題，但相較於Z鋼彈，ZZ鋼彈在動畫中的模樣和塑膠模型顯然相去不遠，落差沒有以前那麼大了。

明貴：您應該是想表達既然會另行做成模型或玩具，那就該畫到能讓人照著做出這個形狀或系統的程度才對吧？Z鋼彈如今確實已經推出了能按照設定變形的塑膠模型，但以當年的環境來說，那顯然是很難做到的變形系統。看到這種情況後，我在設計ZZ鋼彈時確實會想盡可能地畫得合理些，讓人能如實地在商品上呈現。

說到設定圖稿與立體產品之間的落差這檔子事嘛，雖然是在這之後幾年的事情，我有為《機動戰士鋼彈0083》設計卡貝拉・迪特拉這架機體，但以前大家都說為了遷就開模方式的需求，最好避免使用到2次、3次曲面的設計。畢竟雕刻鋼模是相當費事的。而到了《0083》那時候，現BANDAI SPIRITS模型玩具事業部的部長岸山（博文）告訴我透過企劃《機動警察》相關商品所得經驗，他們對於處理曲面設計已經有了一定的心得，在某種範圍內都不是問題（笑）。

那麼回頭來說之前的話題吧，無論是我還是BANDAI模型事業部，其實打從一開始的目標就是要將ZZ鋼彈設計到能如同動畫中進行合體變形。尤其BANDAI公司那邊更是執著於這點，設計才剛完成沒多久，他們就立刻做出了試作品，甚至還用當時很罕見的塑膠樹脂複製了一份送過

《鋼彈ZZ》後半那些MS讓我覺得已

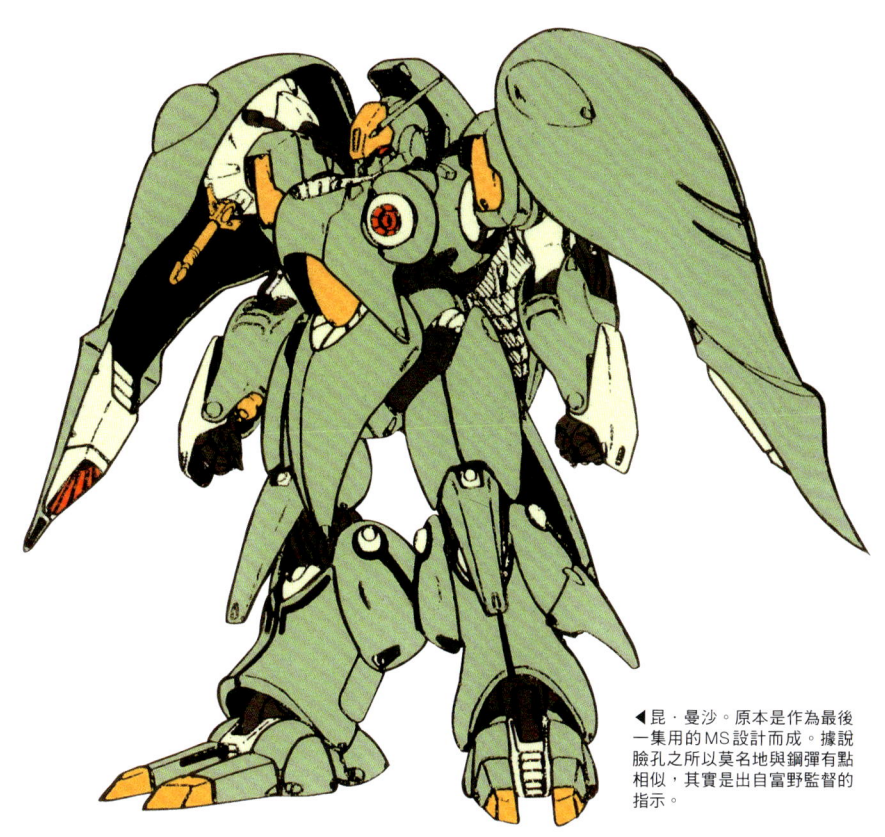

◀昆・曼沙。原本是作為最後一集用的MS設計而成。據說臉孔之所以莫名地與鋼彈有點相似，其實是出自富野監督的指示。

主要作品列表
機動戰士Z鋼彈
機動戰士鋼彈ZZ
巡航追擊機暴風號
城市獵人
天威勇士
五星物語（電影版）
鋼彈前哨戰
機動戰士鋼彈0083 星塵作戰回憶錄
魔法陣都市
天外魔境 自來也朦朧變
機動戰艦撫子號
機動戰艦撫子號 -The prince of darkness-
科學超電磁砲
科學超電磁砲S
魔法禁書目錄-劇場版：安迪米昂的奇蹟
約會大作戰
約會大作戰Ⅱ
對魔導學園35試驗小隊
宇宙戰艦大和號2205 新的旅程
武裝神姬
銀河大小姐傳說優奈
銀河女警傳說瑟菲雅
櫻花大戰3 〜巴黎在燃燒嗎〜
櫻花大戰4 〜戀愛吧少女〜
櫻花大戰Ｖ 〜再見，吾愛〜
新櫻花大戰
上滿發條的蒂娜

來給我。他們會展現出「您覺得這樣如何!?」「這裡似乎會有點問題，我能這樣處理嗎？還是可以直接填平呢？」的態度，積極地請我協助確認並尋求意見。不僅如此，也會像「遷就於製作商品的需求，可能得省略這個部分才行」這樣頻繁地往來溝通。我們雙方就是像這樣逐漸找出彼此都能接受的設計。

附帶一提，我對新核心戰機可是非常講究的。當年CLOVER推出的《鋼彈》系列核心戰機玩具就已經能將垂直尾翼收納進機身裡不是嗎。那可是完全重現了動畫中的變形程序呢。我也想讓ZZ鋼彈能做到這點，應該說一定要辦到才對。

因此在設計ZZ鋼彈時，我無論如何都想讓新核心戰機做到在變形之際不必替換組裝任何零件。在思考如何折疊時，我甚至還先自製了一件紙模型，藉此實際驗證垂直尾翼該怎麼折疊才能避開駕駛艙。

——那麼您認為動畫用設定與商品用設計的界線何在呢？

明貴：我覺得盡可能避免矛盾之處對雙方來說都是必要的。尤其是對商品這邊來說，如何襯托出立體物的帥氣感十分重要。畢竟細部結構越精緻，男孩子們應該就會越喜歡才是。在《鋼彈ZZ》之後，我有經手過掠食金剛（變形金剛2010）的設計，也有為PLEX公司擔綱過《天威勇士》系列魯傑達等角色的商品設計。儘管這些機體後來都有在動畫中登場，但我在繪製時是著重在玩具用設計上，作業之際滿腦子只想著該如何讓立體成品能顯得更加威風帥氣。當然無論是動畫或玩具我都很喜歡，至今也仍樂在其中喔。

——您現在應該也已經看過許多年輕人投身第一線工作的模樣了，請問您有何感想呢？

明貴：我只覺得他們真了不起，給我帶來了很大的刺激呢。畢竟現今的機體在細部結構數量上比以前多了不曉得有幾個位數對吧。能將這樣的設定大量繪製出來，我真的模仿不來。儘管有3D工具的存在也是一大因素，但並非所有人都會使用，還是有採取手工繪圖方式的人在。不過以現今的設計來說嘛，30年前的動畫師肯定畫不來，當時是絕對不會通過成案的喔（笑）。

反過來說，現今的機體要是細部結構沒有多到嚇人，搞不好就會被說成是偷工減料。即便是在如此嚴苛的大環境下，眾年輕設計師也仍竭盡全力完成委託給他們的任務，因此我才會認為他們實在很了不起。而我也持續鞭策自己要時時刻刻學習新知，力求能不斷設計出跟得上時代潮流的成果。

——前段時間在TAMASHII NATION 2020和鋼彈模型博覽會中陸續公布了源自您設計的Re-GZ特裝型（ROBOT魂）和鋼彈Mk-Ⅴ（MG）等商品企劃呢。

明貴：時至今日，近30年前的設計還能有新商品企劃問世，這真的令我開心不已呢。我個人也很希望蓋馬克能推出塑膠模型喔。畢竟卡斯R、卡斯L也已經透過PREMIUM BANDAI販售過許多次了，但只有這兩位王室護衛的話，終究令人覺得少了些什麼呢（笑）。

（2020年11月5日於高田馬場進行採訪）

經把自己想做的事情都做完了呢

■一回神才發現已經歲末了

　2020年才一下子就已經到歲末了。今年的時間感覺上實在過得好快啊。包含《突擊莉莉》的網路連載和商品企劃、《新・合體系列》的宣傳業務、圖解指南製作書籍的編務，以及本專欄等工作在內，要做的事情實在很多，這麼仔細一想，難怪會覺得時間過得超級快呢。不過此時發生了一個問題，那就是體重因為明顯地運動不足而增加了！看來只能盡量只吃八分飽、少飲酒，還有適度地散步了……話雖如此，這個年紀的新陳代謝也變差了，想減重恐怕沒那麼容易呢（笑）。

■冬天就是該拿熟悉的菜單來發揮一番

　這次要特別介紹一道火鍋界的主流料理「千層白菜豬肉鍋」。為何要說特別呢？因為我想嘗試一些事情。儘管一般來說是加醬油煮成清淡點的高湯來吃，但這次我是用白高湯＋白味增＋豆漿來煮。收尾時則是加入中華麵（有賣收尾專用中華麵）、奶油＆起司，讓整體吃起來有如垃圾食物的風格。手邊沒中華麵的話，也可改為加入米飯和更多起司，這樣會很像義大利燴飯。總結來說，這種火鍋的吃法多得超乎預期，希望各位也都能親自煮煮看喔。不過我今年只能做個人小火鍋就是了。

Shin Yashoku Cyodai
真・消夜分享
Tadahiro Sato
佐藤忠博

★第7回
千層白菜豬肉鍋

■34年前……

　這次HJ科幻模型精選集的特輯為《機動戰士Z鋼彈》。我還記得能變形為穿波機的模樣在1985年時有多麼令人感到震撼。我當年在HOBBY JAPAN任職時，也曾負責編輯過《Z鋼彈》別冊。正如副標題《HOW TO BUILD GUNDAM WORLD 3》和《Modeler's Material》所示，這本書是打算向傳奇經典《HOW TO BUILD GUNDAM》致敬。話說這本書是在1986年發行的，距離我寫這篇專欄的時間點已有34年之久！睽違已久地想拿出來重看一遍，結果稍微一翻就發現裝訂已經整個散掉了（泣）。

■「超辣紅肩隊咖哩」的後續

　如同上一期介紹的，託了各位的福，得以順利在裝甲騎兵的聖地（？），也就是位於稻城長沼車站的「稻城發信基地Pear terrace」販售。而且連飾演齊力可的鄉田穗積先生都有來試吃！

佐藤忠博　1959年出生…曾擔任過HOBBY JAPAN月刊編輯長、電擊HOBBY MEGAZINE（KADOKAWA發行）的首任編輯長等職務，在模型玩具業界已有37年以上的資歷。現今從事自由業，目前主要是在HAL-VAL股份有限公司的事務所經手編輯、宣傳、企劃等工作。雖然是個人身分，但也能承包相關的委託案喔！

1986年發行的Z鋼彈別冊。真是令人懷念啊。

menu
[千層白菜豬肉鍋]

①這次是煮一人份的量。材料只要白菜和切成薄片的豬五花肉即可。由於鍋子小，因此把白菜縱向對半切開，然後把五花肉夾在中間。
②重複相同的作業4次左右，直到做出類似千層酥的模樣。
③裁切成裝得進鍋子的高度並滿滿地塞入其中。碎料就拿來塞滿空隙。
④湯底是是水加入白湯、白味噌調成的，然後直接倒入未經調整的豆漿！（笑）
⑤將高湯倒入鍋中後，用小火慢煮。不過要記得先蓋上蓋子。
⑥煮沸後，移開蓋子，注意不要讓高湯溢出。
⑦當肉煮到變色時就幾乎完成了。雖然豆漿會呈現有點凝固狀，不過觸感類似豆腐花呢。再撒上蔥花就完成了。
⑧收尾的麵
儘管加入了火鍋用中華麵收尾，但湯似乎不太夠。因此選擇加了牛奶而不是豆漿進去，更進一步加入了奶油和融化的起司做陪襯。結果一舉變成了西洋餐點呢。

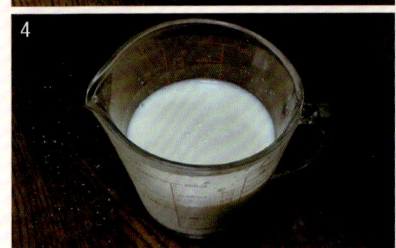

完成

名為編輯後記的模型閒談

印象中在第5期（日文版）似乎寫過類似的東西，但這期的編輯作業正好和HOBBY JAPAN月刊2021年1月號（還有別冊附錄）、哥吉拉迎擊作戰行動教範、OBSOLETE研究報告書撞期，根本是抱著4顆頭一起狂燒的狀態啊！不過既然能撐到寫這篇文章，那就代表已經克服了最難的關卡，本書應該也能夠順利地出刊了。儘管這期是用增頁擴大篇幅來呈現，但還是免不了會有沒能刊載到的機體，總有一天我要辦到一舉收錄所有登場機體的偉業。（文／HOBBY JAPAN編輯部 木村學）

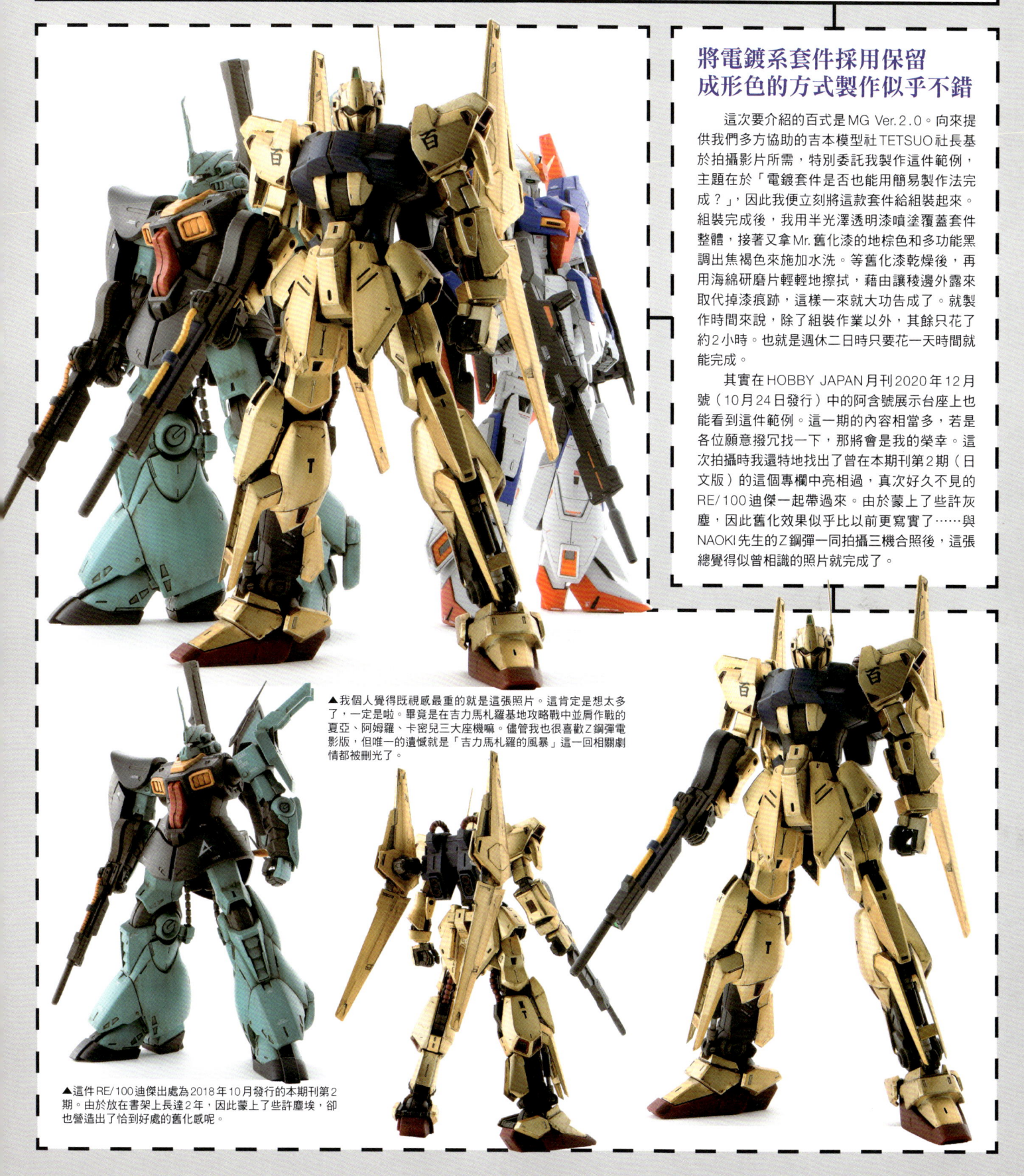

將電鍍系套件採用保留成形色的方式製作似乎不錯

這次要介紹的百式是MG Ver.2.0。向來提供我們多方協助的吉本模型社TETSUO社長基於拍攝影片所需，特別委託我製作這件範例，主題在於「電鍍套件是否也能用簡易製作法完成？」，因此我便立刻將這款套件給組裝起來。組裝完成後，我用半光澤透明漆噴塗覆蓋套件整體，接著又拿Mr.舊化漆的地棕色和多功能黑調出焦褐色來施加水洗。等舊化漆乾燥後，再用海綿研磨片輕輕地擦拭，藉由讓稜邊外露來取代掉漆痕跡，這樣一來就大功告成了。就製作時間來說，除了組裝作業以外，其餘只花了約2小時。也就是週休二日時只要花一天時間就能完成。

其實在HOBBY JAPAN月刊2020年12月號（10月24日發行）中的阿含展示台座上也能看到這件範例。這一期的內容相當多，若是各位願意撥冗找一下，那將會是我的榮幸。這次拍攝時我還特地找出了曾在本期刊第2期（日文版）這個專欄中亮相過，真次好久不見的RE/100迪傑一起帶過來。由於蒙上了些許灰塵，因此舊化效果似乎比以前更寫實了……與NAOKI先生的Z鋼彈一同拍攝三機合照後，這張總覺得似曾相識的照片就完成了。

▲我個人覺得既視感最重的就是這張照片。這肯定是想太多了，一定是啦。畢竟是在吉力馬札羅基地攻略戰中並肩作戰的夏亞、阿姆羅、卡密兒三大座機嘛。儘管我也很喜歡Z鋼彈電影版，但唯一的遺憾就是「吉力馬札羅的風暴」這一回相關劇情都被刪光了。

▲這件RE/100迪傑出處為2018年10月發行的本期刊第2期。由於放在書架上長達2年，因此蒙上了些許塵埃，卻也營造出了恰到好處的舊化感呢。

HJ MECHANICS

STAFF

企劃・編輯	木村 学
編輯	五十嵐浩司（TARKUS） 吉川大郎 河合宏之
封面模型	NAOKI、只野☆慶、マイスター関田
封面模型攝影	河橋将貴（スタジオアール）
設計	株式会社ビィビィ
攝影	株式会社スタジオアール
協力	株式会社バンダイナムコフィルムワークス

HOBBY JAPAN MOOK 1044

HJ科幻模型精選集07

出版	楓樹林出版事業有限公司
地址	新北市板橋區信義路163巷3號10樓
郵政劃撥	19907596 楓書坊文化出版社
網址	www.maplebook.com.tw
電話	02-2957-6096
傳真	02-2957-6435
翻譯	FORTRESS
責任編輯	黃穫容
內文排版	謝政龍
港澳經銷	泛華發行代理有限公司
定價	520元
初版日期	2025年7月

國家圖書館出版品預行編目資料

HJ科幻模型精選集. 7, 機動戰士Z鋼彈 MS科技發展沿革 / Hobby Japan編集部作；Fortress譯. -- 初版. -- 新北市：楓樹林出版事業有限公司, 2025.07　面；公分

ISBN 978-626-7729-18-2（平裝）

1. 玩具 2. 模型

479.8　　　　　　　　　　114007271

© SOTSU・SUNRISE
© HOBBY JAPAN
Chinese (in traditional character only) translation rights arranged with HOBBY JAPAN CO., Ltd through CREEK & RIVER Co., Ltd.